新潮文庫

電車をデザインする仕事

―ななつ星、九州新幹線はこうして生まれた！―

水戸岡鋭治著

新潮社版

10622

はじめに

私のデザイナー人生を振り返ったとき、子どもながらに自然が移り変わる風景を美しく感じていた記憶、あるいは植物や昆虫を見て、触って、匂(にお)いをかいで……と、五感をしっかり使って自然に触れていた感覚が今でも鮮やかによみがえってきます。

私は子どものころから絵を描くのが大好きだったことに加え、実家の家業が家具屋だったこともあり、今にしてみれば、デザインをする仕事に就いたのはなるべくしてなったということかもしれません。そもそも、私のデザインの原点は幼少のときに自然により培(つちか)われた「五感」にあったようです。

この五感が原点となり、私はこれまで九州新幹線をはじめ、ＪＲ九州の代表的な特急列車のデザインのほとんどを二〇年以上にわたって手掛けています。

また、車両のデザインはＪＲ九州にとどまらず、全国各地のローカル線で走っている観光列車も担当しました。しかし、私にとっては単に列車の「完成予想図」をデザインしているという気持ちはありません。

さらにいえば、私は何も自分好みでデザインをしているわけではなく、常に第三者の目というフィルターを通しながら時代や人のニーズに応じつつ、客観的につくり上げています。多くの人が望むものを取材し、通訳・翻訳し、それを正しく色や形、素材に置き換えてデザインしてきたつもりです。

そんな私に与えられた最大のテーマが二〇一三年一〇月にデビューした九州を周遊する日本初のクルーズトレイン「ななつ星in九州」でした。

七つの車両から編成されているこのクルーズトレインは客室がわずか一四室、たった三〇人で満席になってしまう豪華寝台列車です。二〇一二年一〇月の予約開始時、一泊二日の最安コースでも料金は一人一五万円、三泊四日のコースにおける最高料金は一人五五万円（ともに二人一室利用の場合）の豪華ツアーとして注目され、それ以降ずっと予約が埋まっている状況です。

なぜ、このような豪華寝台列車を手掛けることになったのか。その答えは、誰もが心豊かに幸せになれる公共の空間を提供したかったからです。

人は、自分のまわりの環境に影響を受けるものです。質の高い空間で過ごすと、それにふさわしい姿であろうとします。たとえば、高級レストランで食事をするとき、人はいつもと身振りも会話も変わります。

つまり、その場に合った立ち居振る舞いをしようとします。心地良い緊張感のなか、まるで舞台の上の役者であるかのようにみんながその場にふさわしい姿を演じられる――。こうしたステージを皆さんにご用意するのが私たちデザイナーの仕事なのです。

本当に優れたデザインとは何か――。

私は今でもこの答えを見つけられずにいます。しかし、これまでコツコツと積み重ねてきた経験でわかったこともあります。それは、私がよく口にする言葉で、**「売らんがためのデザインではなく、使うためのデザイン、『美しい』ではなくて『正しい』デザイン」**ということです。そのようなことの一つ一つが積み重なってはじめてみんなが納得し、感動するデザインができるのです。

私はいつもデザインをはじめるときに「今の時代に生きる人が何を求めているのか」をよく観察します。その答えのひとつが「素材」です。車両ごとにシート柄が異なる木製の座席、洗面所には藺草（いぐさ）の縄のれん。さらには金箔（きんぱく）の妻壁（つまかべ）（連結面側の壁）に山桜のブラインドなど。これまで私の鉄道デザインには木材のほかにも、牛の本革やガラス、漆などのさまざまな自然素材を取り入れてきました。

制限の多い鉄道車両デザインという分野において、乗客の立場に立ったデザインを提示し、乗客にとって心地良いに違いないと信じるときには、クライアントと一歩も引かない議論をやり合うこともあります。

私はよく、「これだけ多くの斬新なデザインの着想はどこから得ているのですか？」と訊かれます。しかし、私が新しいデザインを考えるときにしていることは「思い出を探すこと」です。

新たな発想はひらめきではなく、そのデザイナーがこれまでに体験した「楽しかった、心に残っている思い出」から生まれてくるものだと思います。だからこそ、私は列車のような公共空間を豊かにすることで、多くの人に「楽しい思い出」を提供することをめざしています。それによって、また新たな公共空間が生まれ、人々が豊かになっていくのです。

公共のもの、つまりみんなのためのデザインとは一企業や一デザイナーのためにあるのではありません。さらには、経済性や効率化だけを優先してつくるものでもありません。利用する人に喜んでもらえるかどうかを考え、最後までそれを徹底してカタチにする。そこに独創性が生まれることで結果として採算性が生まれ、企業も人も成長していくのです。

私は新幹線やクルーズトレインによる長い旅にかぎらず、乗車時間がたとえ一分でも鉄道による移動はすべて「旅」だと思っています。子どもにとってはわずか五分の電車移動でも旅ですし、ビジネスパーソンの方たちが通勤電車に乗ることもひとつの旅だと思っています。つまり、鉄道の移動を「ひとつの旅」ととらえれば、五感で味わうすべてを満足させなければならない。それが私のデザインに対する基本的な考え方です。

また、私の持論として、私が手掛ける列車のデザインという仕事は車両全体から見れば最後のほんの一%の仕事だと考えています。いくら自然素材や工芸品を取り入れても、車両全体で扱う仕事の一%にも満たないからです。

車両のデザインをはじめるとき、製品という意味では車両は九九%完成しています。そして、残りの一%が私たちデザイナーの仕事によって、製品から商品に変わる瞬間なのです。

具体的には先頭車両の形や色、座席の座り心地や素材などを決めるのですが、この一%が一般の乗客が五感を使って感じ取る部分でもあります。つまり、私たちデザイナーの受け持つ一%が、その車両の評価をまず左右してしまうわけです。

私は、この一%が大切だと思っています。

なぜなら、時代をとらえ、お客様の期待値を超えるデザインを形にすることで、残り九九%をつくってきた技術者たちのすばらしさも一緒に伝えることができるからです。

この最後の一%にこだわり抜く私の仕事の流儀を本書から感じていただければ、これほど幸せなことはありません。

水戸岡鋭治

電車をデザインする仕事◉目次

PART1

プロデザイナーの心構えと仕事術

第1章 総合的で創造的なデザインをめざす

第2章 デザインの基本、デザイナーの原点

第3章 日本の良さを活かすデザイン

PART2

デザインの現場

第4章 鉄道デザインの裏側

水戸岡さんとの出会い　唐池恒二

電車をデザインする仕事

——ななつ星、九州新幹線はこうして生まれた！

PART1

プロデザイナーの心構えと仕事術

第 *1* 章

総合的で創造的な
デザインをめざす

デザインとは総合的で創造的な計画である

一般的にデザインというのは、色や形といったことを表すことが多いのですが、本来デザインの語源はラテン語の「designare」（デーシグナーレ）から来ていて、「伝えることや計画を記号で表す」という意味です。つまり、自分の意志を伝える、あるいは自分の考え方を出すというところにあるのがデザインです。

たとえば車両をデザインするといったときに、私はただ単に車両の色や形を考えてデザインするのではなく、車両と駅、さらにはそれを利用する乗客、そこで働く人たちのこと、そして素材や環境のことまですべてのことを総合的にデザインしていかなければ「正しい答え」が出ないと考えています。

私がこれまでデザインしてきたＪＲ九州の車両は、ときに〝奇抜〟と表現されることがあります。しかし、それは決して私自らを表現したデザインではありません。

確かに私自身、少しでも「尖(とが)った作品」をつくりデザインで自分を表現する、それがデザイナーの仕事であると錯覚していた時期がありました。ところが、ＪＲ九州で車両のデザインをするようになってわかったことがあります。それは、デザインとは自己表現の道具ではないということ。公共空間である鉄道、その事業は街づくりや環境づくりそのものであり、地域の経済も考え、地域の人と一緒に質の高いものをつくり上げていかなくてはなりません。ひとつの車両デザインをこのような総合的デザインへと高めるためには、いかに全体を見渡すことができるかが重要なポイントになってきます。

ヨーロッパでは政治によって文化や都市がデザインされるといわれているのですが、それに比べると日本のデザインは非常に表面的で狭いものに限定されます。その意識の違いがデザインの幅の違いに関わってきます。

この「全体を見渡す」とは鳥瞰（ちょうかん）の視点、つまりは広い視野で見る、考えるということです。多角的に大きな観点で全体を見渡すことによって「正しいデザイン」のガイドラインが描けるようになるのです。

さらに付け加えれば、デザインにおいてこの鳥瞰という言葉のなかには「パブリック・デザイン」という意味があります。このパブリック・デザインの対極にあるのがプライベート・デザインで、自分自身のデザインを自分のやりたいように進めていっても誰からも文句は言われません。ところが、パブリック・デザインとなると公共デザインなので、多くの人が集まって生活をする公共空間を鳥瞰することが必要不可欠になるのです。

総合的で創造的な計画と五感

総合的で創造的なデザインについて、もう少し説明しておきたいと思います。

車両デザインの仕事にかぎらず、デザインこそが企業のコンセプトをわかりやすく世の中に伝えるものだと思っています。そこに必要なのが、創造性です。

ただし、デザインはデザイナーの感性で創造するものではありません。自分がこれまで経験したことや多くの人からのアイデアを具現化する。つまりは与えられたテーマからストーリーを描くことがデザイナーの仕事なのです。

九州を一周する豪華寝台列車「ななつ星in九州」においても、いかにして未だかつて無い本物の旅をお客様に提供するかが至上命題だったわけですが、そもそも豊かな旅とは何なのかという疑問の連続でした。なぜならば、私自身そのような贅沢な旅をしたことがなかったからです。ましてや新幹線や特急など、数時間の鉄道の旅であれば気にならずとも、お客様が一日中列車のなかで生活をしていれば気になってくることもあるはずです。さらに二泊、三泊ともなればより細かな部分が目に入ります。当然ながら、自分の家で目にする以上の贅沢なものを目にし、自分の家で過ごす以上の快適さがなければ満足するところまでいかないわけです。まさに、お客様の目に入るすべてのアイテムに気を配りながらデザインしていく作業、世界一の車両にふさわしいアイテムを厳選していく試行錯誤が必要だったのです。そこで、とにかく徹底的なシミュレーションを繰り返しながら、「答え」を探す作業を続けました。そして行き着いた「答え」が、「最高レベルのものを提供し、お客様に圧倒的な感動を五感で味わっていただく」というものでした。さらには、お客様に満足を与えるだけでなく、車両本体から設備、調度品、サービスに関わる、車両メーカーや職人さん、料理人や陶芸家、そしてJR九州のスタッフが「この車両をやってよかった」と感じてくれるものを目指したのです。それこそが真のプロフェッショナルの仕事だからです。

では、ここで皆さんに質問です。

国という、一番大きな次元で総合的かつ創造的にデザインをする人は誰でしょうか。それは、日本においては内閣総理大臣です。日本という国家をどのような国にしていくのか、それを総合的かつ創造的に計画する最高責任者ということです。

では、私たちの生活において、もっとも身近なところで総合的かつ創造的にデザインをする人は誰でしょうか。それは、お母さんです。

自分の子どもをどのような人間に育てていくのか。それは総合的かつ創造的に計画するデザイナーと一緒です。子どもというのはお母さんの情熱によって育っていきます。生まれる前のお腹にいるときからすでにお母さんの感性や感情が伝わり、生まれた瞬間からはお母さんの表情や声、そして肌触りなどを感じながら育っていくわけです。これは、まさに「五感の連鎖」ということです。そして子どもが一歩でも歩き出すと、自分の家の床の材質や庭といった環境を身体に上書きしていき、やがて街並みの様子を取り込んでいくというように、その子どもが体験して身につけたレベルが五感の意識レベルへと繋がっていきます。

つまり、私たちデザイナーの仕事とは、いかにいい環境を整えるかを考え、それを形にするための知識を蓄積し、それによって次の世代に最高の環境を残していくことです。本来、大人がするべき最大の仕事は子どもに感動を与えることです。だからこそ、私たちデザイナーは、子どもに感動を与えるような空間を生み出さなければならないと常に考えることが大切だと思います。それがやがて、私たち日本人個々の五感が磨かれていくことにも繋がると思うからです。車両にしても街並みにしても、手間暇をかけた最高レベルのものを大人が本気でつくれば、子どもたちは必ず何かを感じるはずです。それが正しいデザイン、つまりは総合的で創造的なデザインができる次世代のデザイナーを育んでいくのです。そのためには、私たちは何に対してもできるかぎり最高のレベルのものを求めて限界まで考え抜く必要があります。何度も申し上げますが、どうすればこれからの人が幸せに生きていけるのかを考え、そのための環境を整えていくことが大人の義務でもあり、子どもたちはそれを享受する権利があるのです。

美味しい澄んだ空気があるところには、美味しい水が流れています。

美味しい水が流れているところには、美しい花が咲いています。

美しい花が咲いているところで育った人は、五感が磨かれます。

そのような循環が総合的な物事の考え方、そして創造的な計画をカタチにしていく。これがデザイナーに必要なデザイン活動の基本となります。このようなこともまた、総合的で創造的なデザインを育む大事な要素なのです。

「いかにデザインするのか」は「いかに生きるのか」を考えること

私は街おこしのPRや講演を頼まれることがあるのですが、駅前商店街が「シャッター商店街」になっている理由は、自分たちが住む環境に対する意識が低い人が多いからだと思います。そこで、ぜひとも自分たちの住む街の歴史や文化を再認識してほしいのです。自分たちの街にあるすばらしい文化遺産に気づかずにいることも少なくありません。

逆に、常に活気があって美しい街は、住んでいる人の環境に対する意識のレベルが高いといえます。つまりは街おこしとはその街に住んでいる人々の意識をおこしていく。それによって自分たちの街をどのように変えていきたいかを街全体で考えていくことが重要なのです。

そのためには、一本の木や花から道や鉄道、さらにはどうすれば住んでいる人たちが楽しく豊かな生活を送れるのか、古いものと新しいもののバランスをいかにして取っていくかまでを考えながら、最高の環境をつくり上げていく義務が、私たちデザイナーにはあるのです。その環境を一生懸命つくろうとしているデザイナーがいることが大事であり、デザイナーの姿勢や熱意というのはデザインを提示したとき街の人たちに伝わるものなのです。

つまり、デザインは空間や環境を変化させていき、さらにはそこにいる人たちの意識をも変える力を持っているということです。そのような意味においては、「いかにデザインするのか」ということは「いかに生きるのか」ということに直結していく、広範囲で難しい仕事なわけです。

ＪＲ九州の仕事では、懐かしさのなかに新しさを兼ね備えた車両をつくっているのですが、たとえば車両に金箔を貼るというデザインを行うときに、これは江戸時代、あるいは安土桃山時代における日本の伝統的な発想を参考にしています。それに、最先端技術の集合体である新幹線の上に漆を使って日本の伝統的な技術を加えているのです。

このように私たちはどこか懐かしくもあり新しい、そして世界に通じる日本独自の車両をつくっています。まさに日本にしかない技を使っているわけです。どんな素晴らしい伝統や文化があったとしても、その時代における人たちが理解できるデザインで表現しなければなりません。

つまり、文化を伝えるということは、手間暇のかかる大変な仕事なのです。昔のままで表現してもいけないし、コストもかかってしまう。だからこそ私たちは、現代においてスケジュールもコストも技術も制約があるなかで、デザイン力を養っていかなければいけないのです。

もうひとつ、五感について説明したいと思います。

五感は環境によって育まれると述べましたが、もうひとつ大事な要素があります。

それは何事にも興味を持つ好奇心です。

いろいろなことに対して興味が持てるようになれば、自分自身の五感の種となる「映し込み」が上手になっていきます。それによって感性のベースが構築されていくのです。これがなければ、「思い」や「考え」といった思考のベースが構築されません。おおよその人間は「思う」ということはできます。ところが、デザイナーという仕事は「思い」「考え」を現実的にカタチに変える職業です。この「考え」をカタチにする作業は技術なのです。そこには知力・気力・体力がベースとして必要になり、そこに情熱というスパイスが加わることで正しいデザインは生まれていくのです。

デザインは理想を持つことからはじまる

日本人には理想を言うことに対する恥ずかしさや遠慮がある、と感じることがあります。しかし、人間は理想を言わないで、その先に何を見出すことができるのでしょうか。私は理想が成長を生み、楽しさを生むと思っています。

公共デザインに携わるデザイナーというのは、ただ現実的に生きていこうという何気ない生き方をしていては何も生まれません。デザイナーに必要なのは処世術ではありません。理想の話をして、長期的なビジョンで物事を見据えていけるような生き方です。これが将来的な文化をつくり、経済を盛り上げていくことに繋がるのです。

そのような意味において、私のモノづくりのコンセプトとしては子どもとお年寄りを喜ばせることを念頭に置いています。それが結果的には全体を網羅することに繋がるからです。

はじめて電車に乗る子どもたちが、その車両に乗ったときにどう思うのかということは非常に大事です。子どもたちは、「車両ってこういうものだ」とか「駅とはこういうものだ」とかいうことを見た瞬間に五感で感じ取ります。それがデザインによって豊かなモノになっていれば、子どもの最初の一ページが良い形で埋まるわけです。これが公共デザインのベーシックな姿であり、文化の象徴でもあるのです。それには長い年月が必要になってきますが、私たちデザイナーはそれをやらなくてはいけません。

日本は経済に関しては一流になりましたが、文化は底辺にとどまっています。世界的に見れば、とても水準が低いといえます。

人が生きるということは、デザイン作業に似ています。

一人ひとりがデザイナーになり、自分の環境をデザインしていき、最も可能性を持った最も難しいデザイン、そして何より最も面白いデザインをしていくべきなのです。

私は、今まで日本人がやってきたことが世界的に劣っているとは思っていません。それは建築にしても町づくりにしても人間としての理想にしてもそうです。その時代ごとにバランスを取りながら、さらには知恵を使いながら生きてきた民族が日本人なのです。だからこそもう一度理想を見直し、車両のデザインであれば「どこか懐かしいけれど新しいデザイン」、子どもたちには新しく、お年寄りにとってはどこか懐かしくある車両を私はつくってきたのです。

私は若いころにヨーロッパ各地を歩きましたが、たった五〇〇人くらいの町でこんな美しい町があるのかと感心したことがありました。

日本で五〇〇人くらいの町であればただの田舎でしかないことが多いように思います。つまり、そこには理想や文化がないからです。しかし理想を言えば、「個々の理想の向上」「個々が集まった社会の理想の向上」、さらには「社会が集まった複数の社会の理想の向上」という、この三つの理想をしっかり行っていくことが重要なのです。

Good Design is Good Business & Good Life

世界最高の鉄道車両や鉄道施設などに贈られるブルネル賞という賞があります。

ブルネル賞を受賞した883系特急「ソニック」

787系特急「つばめ」

これはイギリス・グレート・ウェスタン鉄道の技師、イザムバード・キングダム・ブルネルにちなんで名づけられた、鉄道関連では唯一となる国際デザインコンペティションで顕彰される賞です。この選考基準は単に大きさや速さといった性能技術ではなく、「これまで誰も挑戦しなかった勇気と志」に重きを置いています。

私が手掛けたJR九州の787系特急「つばめ」や883系特急「ソニック」、885系特急「かもめ」などでこのブルネル賞を受賞いたしました。

このブルネル賞には「Good Design is Good Business」という言葉が使われています。私はこの言葉のあとに「& Good Life」を付け加え、「素晴らしいデザインは素晴らしいビジネスを生み、素晴らしいビジネスを生むことで素晴らしい暮らしを生み出す」というように解釈しています。この言葉は、デザインというものの在り方を示してくれていると思っています。

さらに、この言葉から学べる教訓は、世の中はすべての物事が繫がっていて、繫がっていないものはひとつもないということです。それを理解するには、先ほど述べた鳥瞰という視点が必要です。

ところが、多くの人間はデザインを含め、すべての仕事を繫げてしまうと厄介だからといって切り離してしまう傾向にあります。その代表例がまさに私たちが生きている縦割り社会であり、縦割り企業ということです。国家も政治家も専門に分けてしまいますが、意識レベルの高い国においては、専門に分ける必要がないので、総合的かつ創造的な社会や企業をデザインすることができます。鳥瞰的な視野で総合的に物事を進めることができれば、創造的な人間が増えていく土壌が生まれます。それが、バランスの良い社会をつくり出すのです。

これは、デザイナーにとっても同じことがいえます。

私はデザインをするときに、「得意技と不得意技がある」という考えを持ったことがありません。なぜなら、得意も不得意もなく、目の前に与えられた課題をこなしていくことがデザイナーのやるべき仕事だからです。それによって、一人のデザイナーがふたつ、みっつの仕事をこなせるようになっていき、デザイナーの感性、つまりは五感が磨かれることで全体を見渡せる鳥瞰の目が養われ、総合的かつ創造的なデザインを生み出すことができるようになっていくのです。そのような意識を持ったデザイナーと持っていないデザイナーでは、成長のレベルが大きく変わっていきます。

デザイナーとアーティストの大きな違い

私は子どものころから絵を描くのが大好きで、よく家の前の道路にバスや戦艦の絵などを蠟石(ろうせき)で描いていました。勉強は苦手でしたが絵は得意で、学生のころには本格的に絵を仕事にしようと決心していました。

イタリアでデザインの勉強をし、帰国後上京してからイラストレーターの仕事に就き、主に百科事典のイラストや建築物の完成図を描いていましたが、そのうち絵だけではつまらない、できれば本物をつくりたいという思いが強くなっていき、それがデザイナーへの第一歩でした。

私のデザイナー人生の転機は三〇代の終わりごろです。当時、岡山から上京してきたばかりでなかなかデザインの仕事をもらえずにいたので、自分の得意分野であったイラストレーターとして一生懸命に働いていました。そのときの仕事が、九州で知り合ったある会社の人の目に留まり、「ホテル海の中道(なかみち)(現ザ・ルイガンズ)」の立ち上げを手伝うことになりました。

私はイラストレーターとしてこのプロジェクトに携わったのですが、そのときの責任者だった方に「水戸岡さんが本当にやりたいことは何ですか?」と訊かれ、「私はデザインがやりたいんです」と答えると、「それならこのホテルのデザインをやったら」と、全体のアート・ディレクションを行うことになったのです。そこでホテルの看板から客室の壁紙、ユニフォーム、ベッド、照明、そしてポスターに至るまでのすべてをデザインしました。

このホテルの仕事が成功し、そのときにＪＲ九州がこのホテルへのリゾート電車を走らせたいということになりました。私はこの車両デザインも担当したいと考え、ＪＲ九州に提案したのです。これがＪＲ九州で最初の車両デザインの仕事となる「アクアエクスプレス」の誕生秘話で、そのご縁がきっかけでＪＲ九州の鉄道や公共空間をデザインする仕事がいただけることになり、今に至っています。

ではここで、イラストレーターとデザイナーの違いについて説明しましょう。

イラストレーターというのは職人仕事です。つまり、自分一人で最後まで仕上げるのがイラストレーターの仕事です。さらに付け加えると、デザイナーとアーティストもまた大きな違いがあります。アーティストもまた、最後まで自分の思いや考えを持って作品として仕上げていくことが仕事です。

一方、デザイナーの仕事というのは、デザイナーが一人ですべてを行うわけではありません。いろいろな人と話し合い、完成イメージを共有し、作業を製作者に委ねていかなければいけません。いろいろな人の知恵や工夫が混ざり合ってはじめて成立していくものなのです。だからこそ、私がデザインした車両は私の「作品」ではありません。作業に関わった人みんなの作品だということです。

　そのような意味でいえば、私がデザインの仕事をはじめてから知ったことは、デザインとはいわば「代行業」であるということです。つまり、代行業者であるデザイナーとは、クライアントやお客様の意見、さらにはメーカーや職人の意見を聞き、さまざまな情報を吸収し、多くの人の思いや考えを翻訳・通訳し、色や形や素材を工夫し

JR九州で最初にデザインを手掛けた「アクアエクスプレス」

て使い勝手のよいものに置き換える仕事をする人です。

このように多くの人とそうした作業をしていくと、「これは成功するかもしれない」「面白いものができるかもしれない」といった「予感の共有」があるものです。自分の子どもに話したくなるような仕事には、この「予感の共有」があり、それがエネルギーの源となり、今までにないものをまとめ上げ、つくり上げていくことができるのです。それがデザイナーの仕事だと私は思っています。

デザインにおける製品と商品の違い

同じ公共デザイン、さらに絞れば同じ公共の乗り物という意味においては旅客機（飛行機）があります。私はこの旅客機について「よくできた製品である」という表現を使うことがあるのですが、それに対し、私がデザインをしている鉄道のことは「商品である」と表現しています。

私がデザインをしている鉄道というのは、その性能の上に感性というものが存在しています。感性は十人十色。何が答えかがわからないものです。つまり、デザインには何が正解で何が不正解なのか、何が必要で何が不必要なのか、何が利用者の旅を豊かにするのかしないのかなど、色々な要素が詰まっているのです。利用者の立場でつくり上げることによって結果的にサービスに繋がると考えることが、デザインが「商品である」ということの真意なのです。

正しいデザインとは、性能や一般常識を超えたところに存在していて、私が顧問を務めているJR九州には唐池恒二（からいけこうじ）社長（現会長）という雄弁な方がいるのですが、私は唐池社長に対し、「私は利用者の代表としてデザインしていいでしょうか」と話しています。

それに対し、唐池社長もまた利用者の立場に立った経営方針を実践しています。自分をバックアップしてくれるのは利用者しかいないというモットーを掲げることで、「もっと楽しくて新しいことをやろうよ」と情熱を持って仕事に取り組むことができるのです。

このように、唐池社長と私は「同じ目線」で向き合うことができています。そして、私たちのデザインを厳しくチェックし全面的にバックアップしてくれ、「鉄道車両づくりの基本的なルールを守りながら、普遍的で多様性を持った公共の道具をつくってほしい」とおっしゃっていただいています。私はアイデアを自由に出すことを許してもらえたからこそ、それまでになかった車両デザインを提案することができ、現実のものとしてカタチにすることができたのです。

私はこれまで多くの社長と仕事をしてきましたが、社長になった瞬間に利用者の代表になる社長と企業の代表になる社長がいることに気づきました。

本当にビジネスを成功させたいのであれば、社長は利用者の代表になり、会社の都合に基づいた総意と決別をして孤独になる覚悟が必要だと思います。それこそが正しい経営者であり、そのような経営判断から正しいデザインも生まれていくと私は考えています。

デザインは公共のために〜デザイナーは公僕であれ〜

私の郷里、岡山の偉人に山田方谷（ほうこく）という人物がいます。

山田方谷は幕末から明治期の陽明学者で、備中（びっちゅう）松山藩主・板倉勝静（かつきよ）公に仕え、わずか八年間で藩が抱える一〇万両の負債を一掃し、同時に一〇万両を蓄財するという藩政改革を成功させた人物です。

その山田方谷の言葉に次のようなものがあります。

「義を明らかにし、利を計らず」

これは、正しい理念で行動し、利益ばかりを追求しないということですが、利益を求めないという意味ではなく、正しい理念で仕事と向き合うことで、自ずと利益はついてくると私は解釈しています。つまり、経済のための経済活動ではなく、豊かな生活のための経済活動をするということです。

それぞれの企業にはそれぞれの義があると思いますし、それぞれのデザイナーにはそれぞれの義というものがあります。私のデザイナーとしての義は、「デザイナーは公僕であれ」です。これがデザイナーとしての基盤であり、社会への責務だと思っています。そして、私の場合において社会への責務ということでいえば、公共デザインがあります。

私が「プライベート」と「公共」の境界をどこで決めているかといえば、自分の心です。自分一人の心を満たすことであればそれはプライベートですが、自分の気持ちや脳が指示して他者のために何かしらの行動に出た瞬間が公共の入り口だと意識しています。

私が手掛けている鉄道車両というのは、言うまでもなく公共の交通機関です。つまり、私がＪＲ九州の車両デザインを行うときには「公共デザイン」という意識を持って取り組まなければなりません。つまり、ＪＲ九州の唐池社長がつくる脚本のなかで私はしっかりと演じなければいけないということです。

この唐池社長の脚本には「D&S」というテーマがあります。これは、「Design and Story」という意味で、九州で走らせる鉄道にはお客様を喜ばせるデザイン性と物語が存在していなければいけないということです。これはまさに、その企業が持つ経営コンセプトになっていきます。

たとえば、「新しい特急をつくる」という案が出たとき、どこからどこまでを何時間で走らせる、乗客数はどのくらいで予算がいくら、といったことはすぐに決めることができます。ところが、「内装のデザインはどうする?」「特急のネーミングはどうする?」といった、お客様を喜ばせるために何をするべきかというデザインと物語の部分はすぐには決まりません。これを考えていくのが社長であり、それをサポートし具体化するのがデザイナーです。公共デザインとはそういうものなのです。

公共デザインでいかに地域環境を整理整頓できるか

公共デザインを手掛けるうえで重要なことのひとつとして、いかに地域の環境を整理整頓できるかということがあります。公共デザインは自分の満足ではなく、多くの

丹後の環境整備の一環としてデザインした
「丹後あかまつ号＆丹後あおまつ号」

人たちのそれを最優先して環境を整えていくということを常に考えなければいけないということです。

それは看板ひとつをデザインするうえでも、環境の整理整頓を平均的に考えながら、この色でいいのか、この形・素材・サイズでいいのか、この位置でいいのか、この書体でいいのかなどを自問自答していく地道な作業の基本になることです。

また、多くの人が集まる空間や場所、さらには時間をデザインしていくためにはその地域の環境を整える、あるいはいかに地域を再生することができるかを考えることも公共デザイナーの役割となります。

「利用する側（人）にとっても、運用する側（人）にとっても、無理のない使いよい公共移動空間・装置にすること」がコンセプトの「いちご電車」

私が車両デザインをするとき、旅という時間と環境をデザインすることからスタートします。つまり、「列車での旅をどう過ごすのか」という問いかけからすべてがはじまるわけです。

目的地に一刻も早く到着することだけを考えれば、列車には必要がなく、予算を使わなくてもいい車両デザインもあります。しかし、入り口と出口の間を埋める細かな部分に思いを込めて本気で手間暇をかけることがデザインであり、その姿勢を大切にしていくことが大げさにいえば「文化」なのではないでしょうか。

私が車両デザインを手掛けたローカル線に北近畿（きんき）タンゴ鉄道（二〇一五年四月以降、京都丹後鉄道として運行）の観光列車「丹後あかまつ号&丹後あおまつ号」があります。これも丹後の環境整備の一環としてデザインしました。また、世界遺産に登録される前に富士山再生計画の一環として富士急行の「富士登山電車」をデザインしましたが、これも「環境整備」や「再生」ということを念頭に置いて行った仕事です。その他にも和歌山電鐵（でんてつ）の「たま電車&いちご電車&おもちゃ電車」など、私はどのようにして地域を活性化できるのかを考えながらデザインを引き受けてきました。その背景には、きびしい運営を強いられているローカル線という毛細血管の流れをよくすることで、つまりきちんと活用してもらうことによって、その路線がたとえ単体で赤字であっても人々がその沿線地域を訪れ、食べたり泊まったりしてその地域を潤（うるお）すはずだという思いがあるのです。要するに、日本を元気にしていくためには、このような末端の経済を動かしていくべきなのです。

日本はイギリスから鉄道を学び、日本人の勤勉さや器用さで鉄道文化というものを独自に進化させてきましたが、公共デザインの本質をとらえた車両デザインがされてきたかといえば、十分とはいえないのではないでしょうか。

近年の鉄道車両の内装といえば鉄やプラスチックばかりでしたが、私がデザインしてきた車両には多くの自然素材、それも和の素材と様式をふんだんに使うことで居心地の良い空間を演出しています。それは、地域活性化の目的があるからです。たとえば、ＪＲ九州の車両デザインには風土が育んだ自然素材をたくさん取り入れています。九州新幹線「つばめ」の車窓には九州産の山桜で作った木製のロールブラインドを備え付けたのですが、これには裏話があります。

山桜はデザインの構想段階から使いたいと思っていましたが、立派な木は天然記念物に指定されていることが多く、調達が難しく悩んでいたところ、ＪＲ九州の従業員の親戚にたまたま山持ちの方がいて、台風で倒れて廃材と化した山桜を分けていただくことができました。こうして「つばめ」の車窓を美しい山桜のブラインドで飾ることができたのです。

さらに、洗面室にはカーテンの代わりに熊本県八代産の藺草でできた縄のれんを下げています。藺草は日本が誇るすばらしい自然素材でもともと薬草として扱われていたほど殺菌・消臭効果が高く、さらには耐水性もあります。その他にも車内の壁には鹿児島県川辺の仏壇職人による木彫や蒔絵、さらには博多織や久留米絣など、九州の伝統工芸品を数多く取り入れました。

このようなことが実現できたのは、私たち公共デザイナーの思いが多くの専門家や職人さん、さらには地元の方々の心を動かすことができたからだと思います。このことにより他の列車との差別化が実現したのはもちろん、それが珍しくて話題になり、閑散とした地域に観光客を集めることでそこが活性化していく「ウィン・ウィン」の関係を構築することができたのです。

そして何よりも九州という土地には、新しいものや楽しいことを積極的に受け入れる素地がありました。歴史的にもアジアや西欧の文化を最初に受け入れ、それによって自分たちの生活が豊かになったことを知っている人が大勢いたのです。その血は今に受け継がれ、誰もやったことがないということで「面白そうじゃないか、やってみよう！」という雰囲気や決断が生まれたのです。

公共デザインは好みを超えて、正しく美しく楽しく

公共デザインでは現在、経済性が重視され量産が優先されてます。その結果としてシンプルな「金太郎飴（あめ）」のような車両ばかりが生まれてしまったわけですが、本来公共デザインはそうあるべきではないと私は考えています。それぞれの人に、それぞれの旅を提供するためには、もっと手間暇をかけて、いろいろな「顔」を持った車両をうみだすべきなのです。

「車両はひとつの街並みである」というのは、私のよく口にする言葉です。

　そこにはいろいろな風景や空間があって、いろいろな色や形があって、いろいろな素材があるなかで、どのような列車を走らせるべきなのかを考え、いろいろな旅をお客様に提供できるようなステージを構築するのが、公共デザイナーの正しいあり方です。私は可能なかぎり日本独自の「和」のテイスト、そして古き良き時代から日本人が持っていた感性を取り入れることが重要だと考えています。自然素材を惜しげもなく活用することで、利用した人には「心地良さ」が生まれる。だからこそ自然素材の力が必要不可欠なのです。

　そのような意味では、公共デザインというものはデザイナーの好みを超えて、正しく美しく、そして楽しいものでなければいけません。そのためにはデザイン全体を俯瞰してアウトラインを描くこと、デザイナー一人ひとりがデザイン意識を高め、どのようなトレンドや趣味のものであれ、その「質」を見極めることが重要となります。

　ここで言う質とは、精神的、文化的、経済的などのすべての事柄の平均点を上げることです。

　すなわち、公共デザインの役目とは「私的テイスト」で溢れかえる公共空間に対してガイドラインを示し、整理整頓することです。それを形にすることで、空間はかぎりなく正しく美しく、上品で楽しいものに近づくと私は思っているのです。

ヨーロッパを旅して学んだコミュニケーション

私が以前、ヨーロッパでの鉄道の旅で感じたことがあります。お客様に対するサービス、車両から見える風景など、それらすべてについて質が高いということです。やはりヨーロッパは鉄道だけではなく、公共デザインなどさまざまな面で成熟しています。それに、旅をする人たち自身の意識も高いのです。

たまたま同じ鉄道に乗り合わせた人の多くが、赤の他人である日本人の私に話しかけようとする努力を惜しみませんでした。安全に心地良く旅するための楽しさとは何かについて彼らはごく自然に理解しているのでしょう。つまり長い時間を一緒に過ごすための環境が整っているということです。そのようなことをひと言で言えば、コミュニケーションかもしれません。もちろん、デザインの現場でもこのコミュニケーションは大切です。

モノづくりの現場では対話によってすべてが決まり、対話能力が高い人は質の高いものをつくることができます。最も重要なことは自分が心のなかで思っていることを正直に、正確に相手に伝えるということです。会話を交わすということはイマジネーションの闘いです。だからこそ、豊かな会話さえあれば、それをカタチにすることはそれほど難しいことではないのです。

ヨーロッパの小さなパーティーでは「料理はイモだけでごちそうは会話」ということがよくあります。日本人はコミュニケーションが下手だと言われており、美味しい料理を食べるだけで会話が少ない。それが文化の差であり、公共レベルの差となっています。コミュニケーションというのは職場の人や同年代の人とだけでなく、子どもやお年寄り、さらには異民族ともできることが大事です。それを実現するためにどういう環境をつくればいいのかということを私たちデザイナーは常に考えなければいけません。心地良い空間をつくれば人間はリラックスして楽しくなり、笑顔になり、一言しゃべりたくなり、一曲歌いたくなる。そういう空間をつくることがデザイナーの仕事だと思います。

このような豊かな対話というものは、精神的にも肉体的にも心地良い空間や環境でなければなかなか実現しません。そのために色、形、素材、使い勝手のすべてをデザインしなければなりません。それらがすべて揃ったときにおのずと心地良さが生じて、豊かな気持ちや対話が生まれるのです。

第2章
デザインの基本、デザイナーの原点

デザイン力を身につけるための人としての作法

この章では、基本的なデザイン力を身につけるための人間力や、感性を磨くために必要なスキルを中心に展開していきます。さらには、「人を育てる」という教育の観点からも読み進めていただければと思います。

漆工芸技法のひとつに蒔絵（まきえ）がありますが、それをつくる職人が蒔絵師です。この蒔絵師として一九五五年に重要無形文化財保持者、いわゆる人間国宝に認定された松田権六（ごんろく）の言葉に次のようなものがあります。

伝統的な考え方、技術・素材はデザイン力がないと生かされない。
文化・伝統を伝えるには手間暇かけないと、豊かで美しく楽しい心の文化は理解されない。
専門家、玄人（くろうと）が最高の人・事・ものでないと、次の世代は育たない。

私はこの言葉に、デザイン力を身につけるために必要な要素が詰まっていると思っています。私なりにこの言葉を解釈すれば、まず、デザイン力を身につけるために最初に必要なものは、人としての作法だということです。

私のデザイン事務所には一〇人ほどのスタッフが働いているのですが、「絵を描いたりコンピューターを動かしたり、そんなことはいつでもできるんだよ」と言っています。

そこで、朝の八時半から一時間かけて全員で掃除を行うことから一日がはじまります。私はそこで、きめ細かく掃除の仕方を教えているのですが、掃除が上手であるということは、人としてだけではなく、デザイナーとしても重要なことです。それは、掃除をしていると物を大事にする気持ちが芽生えますし、建築の素材の勉強にもなります。さらに、デザイン事務所で働くということは、運動不足になりがちなので健康にもいいわけです。

次に、お茶の淹(い)れ方です。

私は、お茶を上手に淹れるのも実は大変な作業だと思っていて、これが私の事務所では新入社員研修と言っても過言ではないくらい大切に考えています。

私の事務所にいらっしゃった方はご存知かもしれませんが、お客様には一時間おきに新しいお茶をお出しし、三時にはお菓子を、夜には夜食をご用意しています。

新人には淹れたお茶を自分でも飲んでみるように、そしてお客様が出されたお茶を美味しく飲んでくれたか確認するように、丁寧に教え込んでいます。私は「このお茶淹れがしっかりできるようになればデザインもできるようになるよ」と日々話しています。

お茶と一緒に出す和菓子にしても、「一個はちゃんと自分で食べて、美味しいと思ったら出すんだよ」ということも教えています。美味しいお茶やお菓子が出ればお客様も自然と長居をするので、豊かなコミュニケーションを図ることができ、良い信頼関係も生まれるのです。

また、新人には会議とはどういうものであるかがなかなかわからないようですが、美味しいお茶が出てきたり、珍しいお菓子が出ると良い会議ができるものです。だからこそ、新人にはそれを一年なり二年なり一日中やらせています。

さらには、昼に来客の予定があると「こういう人でこのくらいの年齢だよ」とだけ話してお弁当を用意させます。お客様のことを考え、いかに良いお弁当を選び、美味しい昼食にすることができるか。それができない者に良いデザインはできません。スタッフが選んだそのお弁当を見れば、「ああ、この子はもうデザインができるころだな」ということが自然とわかるのです。それは、お客様の年齢や好みなどを解釈してお弁当を選んでいる。つまり、それがデザインを身につける前に必要な人としての作法ということなのです。

日本企業の製造現場で導入されてきた職場改善の考え方に5S（整理、整頓〔せいとん〕、清掃、清潔、躾〔しつけ〕）というものがありますが、この5Sこそデザインを身につけるために必要不可欠な要素だと私は思っています。

デザインというものは何も特別なことではなく、人々が毎日生きるために何をしようか、どのように時間を使おうかなどと考えること、その営みこそがデザインなのです。確かに、絵やイラストが上手だという人はたくさんいるでしょう。しかし、公共という場面で感性を磨いていくにはこのような人の作法が最も大事なのです。

デザイナーに必要な感性の磨き方

このような人の作法が身についていくと、やがてデザイナーとしての感性も磨かれていきます。それでも人間の感性というものは人さまざまで、色や形も人それぞれ違って見えていますし、聞いている音も違います。

たとえば、私に見えている色と、デザインをはじめたばかりの新人が見る色、あるいはクライアントに見えている色は少し違っていると思います。デザインに携わって三〇年以上の私が一〇〇色の色を判別できても、新人は二〇色しか見えていないかもしれません。もしかすると新人よりもクライアントのほうが、はるかに多くの色が見えているかもしれません。それが、その人の感性のレベルというものです。

そのような意味で、私たちデザイナーは、色ひとつにしてもクライアントが見たこともないような色を提供しなければいけません。それができるようになるには、感性を磨くほかに道はないのです。

これは食に関しても言えることで、一流のシェフはお客様がこれまで見たこともないような食材や調理方法を用いて、これまで味わったこともないような料理を提供します。だからこそ、それを食べたお客様に感動と満足が生まれるのです。

私はＪＲ九州の仕事をするとき、「きっと唐池社長はこういうことを思っているだろう」と感性に従って考えるようにしています。ですから、頼まれてもいないものを準備していくこともしょっちゅうあります。つまり、「これをお願いしますね」と言われたことをやっているだけでは感性も磨かれませんし、唯一無二（ゆいいつむに）のデザイナーにはなれないのです。

デザイナーはただデザインだけをやっていればいいわけではありません。しっかりと人としての作法を身につけ、相手の気持ちを理解できるようになれば、そこには尊敬と信頼が生まれます。この尊敬と信頼こそがデザイナーの五感や脳を動かすエンジンとなり、価値観の共有によって斬新(ざんしん)で正しいアイデアを生み出すのです。それはクライアントに対してデザイナーという枠を超えた「参謀」になる瞬間でもあります。

私はいつも公共デザインを考えるとき、たくさんの人がいて、たくさんの表情があり、たくさんの会話が飛び交うひとつの街並みを想定し、みんなにとって良いものとは何かを探し出す作業からはじめます。そのためには、デザイナーは五感をフル活用しながら「周りに見えているものは何だろう」「これは何の意味があるのだろう」などと常に考える意識を持ち、手足を使ってそれを感じ取り、脳を活性化していかなければいけないと思っています。

そう考えれば、「アイデアというものは、自分自身の歴史がつくる」と言っても過言ではありません。生い立ちや育った環境のなかにさまざまな感動があり、それが発想のもとになっていきます。すなわち、豊かな感動をたくさん重ねてきた人には豊かなアイデアがあり、物事を考え抜く五感力が備わっていくのです。

このようにして五感を磨きながら多くの人が思っていることや考えていることを可能なかぎり感じ取り、それを正しく翻訳して、時代にマッチした様式と美を織り交ぜながら色や形に置き換えることができるようにならなければいけないのです。

人は環境によって育っていく

あらゆる場合において、トップである社長や一番のベテランが先頭を切って、さらには最も大きな責任を持って、最もやっかいな仕事に取り組まなければいけません。それは、一番能力のある人間なのだから当たり前のことです。

最初から若い人にやっかいで責任の重い仕事をやらせてしまうと、心と体を壊してしまうので、まずはしっかりと環境という土台を用意してあげ、そこから徐々にやっかいなところに向かわせ、いつかその壁を乗り越えられるように頑張ってもらうことが理想的です。

日本では一番やっかいなところを新人にやらせている会社も少なくないようですが、一番重要な企画書は本来は社長が書くべきものです。なぜなら、その企業が掲げるコンセプトは社長がつくらなければいけないからです。

そのような意味において、私はこれまでかなりのハードワークをこなしてきました。それは、外側にいる人たちには想像できるようなものではないかもしれません。では、なぜ私はそこまで仕事一筋で走ることができたのか。それは単純にデザインという仕事が好きだからに他なりません。

　デザインや絵を描くことが好きだったり、考えることが好きだったりということだけでここまでやってくることができ、どんなに大変なことも好きだからクリアすることができたと思うのです。それを私の事務所のスタッフにも少しは見せてあげられていると思います。それが、私なりの環境づくりなのです。

　多くの仕事には締切りというものがありますが、人を育てる環境づくりには「時間切れ」はありません。私の事務所で働いている若い人たちは私が若いときよりもまじめで勤勉で優秀な人が多いのですが、ときに先輩や同僚と競争して「追い越してやる」あるいは「豊かな生活をしてやる」といったある種の図々しさが非常に少ないと感じます。潜在意識として持っているのかもしれませんが、それを出すのがかっこ悪いと思っていて、なるべく普通にみんなと一緒にというのが現代では一般的なのでしょう。そのような場合は、私たち経験者が彼らの心のなかにあるものをぎゅっと引っぱり出さないといけません。だからこそ、私は時に鬼になる覚悟で叱ることもあります。一対一になって真剣にぶつかり合っていかなければ心のなかは見えてきませんし、一緒に長い時間を使って向き合っていくことが人を成長させるには必要なことだと思っています。確かに大変ではあるのですが、仕事や人というものは一人では成長できないわけで、いつも良いコーチが必要なのです。

人というのは良い環境がなければ育ちません。私は若いときに厳しくも良いコーチに巡り会うことができてデザイナーとしてここまで成長できたと思っています。それと同じように、若い人たちにも厳しく良いコーチが必要であり、それは私の役目でもあるのです。

人生のコーチというのはたくさんいて、それは年齢や環境によっても変わっていきます。生まれたときは両親であり祖父母であり、近所の人であったり、学校へ行けば先生だったり、会社に入れば先輩や上司や社長であったりと、その都度変わっていくのです。

デザイナーにとっての「余白」の意味

日本の伝統芸能である歌舞伎（かぶき）や能といったものには、独特の「間（ま）」がありますが、そこには思考力の深さや配慮が存在しています。

デザインの世界において「間」にあたるのが、「余白」です。デザイナーもこの余白の大切さを学ばなければいけません。

今回デビューしたクルーズトレイン「ななつ星in九州」には、佐賀県の有田焼で有名な「有田の三右衛門」と言われる人間国宝の柿右衛門さん、色鍋島の品格を守り続けている今右衛門さん、そして絵付けの柄をインテリアやアクセサリーなどにまでも展開させた源右衛門さんの作品が飾られています。

今右衛門さんと源右衛門さんの作品には全面に細かい絵柄が丁寧に描かれているのですが、柿右衛門さんの作品は白地にいくつかの色の草花が描かれています。これらの焼き物を近くで見ると「どれもすばらしい」と思うのですが、一〇メートルくらい離れたところから眺めてみると、柿右衛門さんの作品だけが目に留まるのです。つまり、柿右衛門さんの作品には余白があるので絵柄が浮かび上がって見え、どこからでも「柿右衛門さんの作品」を判別できるのです。

確かに、デザイナーにとって「白を残す」ということはとても勇気がいる作業です。余白を残す作業は、ある意味では余白を埋めるよりもはるかに難しいといえます。それは、自分の技やテクニックを見せようという気持ちと自分の心を表現しようという違いによって、余白は決まっていくからです。

当然ですが、デザインのバランスや全体的な形を考えるのは難しいことです。それには基礎が大事で、筋肉をつけることが必要なのです。スポーツでもいきなり上手にはなれません。しっかりと足腰を鍛えるところからはじめなくてはいけません。

デザインにおいても基礎をしっかり身につければ必ず形にあらわれるものであり、それが明確になることによって適材適所が生まれていきます。これは差別や区別をすることではなく、適材適所を見極めて、その人に合った能力を最大限発揮できるステージを見つけていくということなのです。

デザイナーは好き嫌いを言わない

デザイナーとして仕事をするにあたって、なるべく色や形、素材や様式、もちろん人に対しても好き嫌いを言わないことが望ましいといえます。

この考え方はもともと「食」から来ているのですが、昔から文化人の間では、食というのはその人そのものを表現していて、あらゆる食に興味を抱き、好きとか嫌いとかいうことに関係なく味見ができることがすばらしいと言われていました。

私は幼少のとき、食べ物に好き嫌いがあったのですが、私の母は私にわからないように嫌いなものを細かく刻んで私に食べさせていたのでしょう。それが今になって、デザインという世界でも大いに役立っています。

この好き嫌いというのは食にかぎらず、公共デザインにも共通したことだと私は思っています。デザインの好き嫌いというのは得意不得意、あるいは都合不都合ということです。

だとすれば、この世の中にはデザイン上の多くの難題があり、これらをクリアするためには難題を細かく刻んでちりばめていけばいいのではないでしょうか。そうすることで、多くの人から受け入れられるデザインが生まれると考えています。そのためには、作業時間よりも人の意見に耳を傾ける時間を多く持つことが秘訣といえます。

また、デザインにおいて好き嫌いがあるということは、それだけ多様性が失われ、心や視野が狭くなってしまっているということでもあります。自分の好きな色や得意な形、使いやすい素材などをついつい多用してしまいがちです。

ところが、相手からもし「この色を使ってください」「この素材を使ってみてはいかがでしょうか」といった自分の不得意または不都合な条件が提示されたときには、自分の好き嫌いを捨てて挑戦することで、今まで不得意だった色や素材に対する新たな発見や新しいデザインの調和などへの気づきが生まれます。こうして、デザインのボキャブラリーがどんどん増えていくのです。

デザイナーが好き嫌いを言うのはよくないというのはそのためで、それによって自分のデザイン能力がどんどん向上していき、多くの人の多様な要求を満たすことができるようになります。

いくらデザイナーとしてのキャリアを積んでも、「自分流」などでいいことはありません。まずは人としての基本を身につけていくことで、自分の流儀が成長していくのです。そのためには、相手のことを受け入れることが大切であり、それは自分をも受け入れることに繋がります。これが「客観性の力」を生むことであり、主観的であることには意味がないとわかる瞬間です。

デザイナーにかぎらず、人は誰しも必ず好き嫌いがあります。

さらに言えば、これだけさまざまな人間が同じ空間で生活しているのです。それは生き方や考え方、さらには五感が多岐にわたっているということです。

そのなかでデザイナーはできるかぎり多くの偏見をなくさなければいけません。いつも自分とは違う他者がいることを認識しながら生きていくことが豊かな感性を生み出し、「正しいデザイン」を生むことに繋がるのです。

そのために必要なものが、教養や知恵、あるいは経験です。それによって、自分が嫌いなものを受け入れることがどれほど有効なのかを学んでいくことができます。

デザインには「特注感」がなくてはいけない

デザインというものは、空間を変化させるだけではなく、そこにいる人たちの意識を変える力があると私は考えています。そのためにも、デザインの仕事には「特注感」がなくてはいけません。

この特注感をデザインで表現する場合、大事なコンセプトを決めるプレゼンテーションでは、どのようなデザインに決めるかという方針や、コンセプトデザイン戦略が必要になってきます。このコンセプトデザインには、企業×デザイナー×顧客の「志」が何であるかということを追究し、共通の認識を持ちながら企画として落とし込んでいくことが重要です。

国鉄から分割民営化されたばかりのＪＲ九州は、赤字体質で大変な状況だったそうです。その状況を乗り越えるためには、ファンがつかなければどうしようもありません。そのためには、他の人がやっていないことにどれだけ取り組めるか、オンリーワンのものをどれだけ表現できるかという意識が必要だったのです。そこで、たとえば「色」や「カタチ」「素材」において、デザイナーである私がさまざまな試行錯誤の末にやっとたどり着いた結果を提案することで、クライアントの信頼を得ることができるのです。

そのような意味では、読書というのはデザインの勉強になります。デザインとは「編集作業」そのものであり、本の編集の仕方をデザインのアイデアに活かすだけでなく、いろいろな考え方を知るためにも、私は読書を大切にしています。

紙と活字の時代というものは少々古いかもしれませんが、質の高い本をしっかりと理解したり、文章力の高い人の文章を読解する力が現在の若い人を中心に弱まっていると聞きます。しかし、これはデザインを表現していくうえでは、とても問題だと思っています。

私自身、ひとつのデザインをどのようにみんなに伝えていくのかを考えることがあるのですが、場合によっては映像を駆使することもあります。しかし、私は映像には限界があり、伝達力において紙と活字、手描きの絵などを超えることはあまりないと感じています。

私はJR九州やいろいろなところでプレゼンテーションをするのですが、映像のプレゼンテーションというのは上手くいかないことがあり、やはり紙に絵やイラストを描いて持って行ったときに、一番いい結果が出ます。映像は終わってしまうとそれきりですが、紙であれば机の上にずっと置いてあるので、眺めているうちにインスピレーションが湧いたり、イメージがふくらんだりすることがあるからです。

私のプレゼンテーションは、広い机全面に絵を広げて順番に見せていきながら、誰が見てもひと目でわかるようにして「魅せること」を意識するとともに、会議に参加している人たちが同じ目線でモノを考えられることを意図しています。そのために、紙で行うことにこだわるのです。

デザイナーの仕事における重要な三つの要素

デザインをはじめて数年経ったデザイナーには、得意技が生まれます。

この得意技というのは、自分が成功した経験によって培われていきます。私自身も多くの経験のもとに生み出したデザインから自分の得意技が磨かれていきました。もちろん、それはそれでいいのですが、デザインという仕事は不都合の連続であって、自分の得意な組み手にさせてもらえないことが多いということを覚えておいてください。

公共デザイン、とくに車両デザインの仕事において、とりわけ重要な三つの要素があります。それは「予算」「スケジュール」、そして「技術」です。この三つの要素を上手くコントロールすることで自分の得意技や成功体験が生まれるわけです。

その一方で、この三つの要素が自分にとっての不都合にもなるわけで、予算もスケジュールも技術も、さらには自分の能力と担当者の考え方などが一致することはほとんどないわけです。つまり、デザインという仕事に取り組むことはいかに無理難題をクリアしながら仕事を進めるかということでもあるのです。

そのようなときに、「自分はこれが得意だから」といって得意技を出す前に、まずは相手の要望をしっかりと受け入れ理解することが、自分の得意技に持ち込んでいく秘訣だと思います。自分の得意技に持ち込むことができれば、予算を半分にすることもできますし、培った技術でスケジュールを短縮することもできます。

この三つの要素をコントロールし仕事を円滑に進めていくために必要なことは、「比較しない」「不都合を受け入れる」「対立構造をつくらない」ということです。これは仏教の教えでもあるのですが、これを理解することでデザイン活動をするために必要な基本的行動原則を身につけることができます。

まずは「比較しない」ということについて。人間は何に対しても比較したがる性質があります。それは企業にしても人の心にしても、そしてデザイナーのつくるデザインにしてもそうです。

デザインはつくる人の感性によってさまざまなバリエーションがあるため、これという正解がありません。そのデザインにはそのデザインの良さがあって、世の中で言われる「優秀なデザイン」というのは、ある規則的な一部を切り取った断面にすぎないのです。

私がよく事務所のスタッフに言い聞かせているのは、世の中にはデザイナーの数だけさまざまなデザインがあり、それらは決して比較できるものではないということです。確かに、ある仕事をはじめる前にはいろいろなデザインを参考にすることがあります。でも、仕事が来た瞬間に比較をやめて、自分の持ち味を出さなければいけないと言っています。そうしなければ、自分の得意技が出せなくなるだけでなく、モノづくりにおける自分の軸や志向がずれてしまい、デザインが散漫になってしまうからです。

そして、このなかでも最も重要なのは「不都合を受け入れる」ということです。

仕事には常にいろいろな不都合があるものです。その不都合を受け入れ、みんなの力でそれを乗り越える。あるいは不可能だと思われたことをやり遂げる。それによって新しいシステムが生まれていきます。

人間はこの不都合を受け入れれば受け入れるほど、能力が伸びていきます。都合の悪いことを克服することで、それまでの自分にはなかった発想やスキルが身についていくからです。つまり、デザイナーとして成長しようと思ったら、どんどん不都合を受け入れていかなければなりません。

これはデザインにかぎったことではなく、たとえば担当者がすぐに書類を回すとか、決断を即座にするとか、注文の連絡をスピーディーに行うとか、そういうことを日常的に心がけるだけでも一割くらいのコストはすぐに下がります。

さらには、それぞれのセクションで能力を最大限発揮して新しいシステム（やり方や方法）を見つけていけば、コスト削減だけではなく、そこで培った新しいスキルは、そのまま自分自身の資産として蓄積していきます。このような方法は、ほかの仕事でも確実に活用できるでしょう。

つまり、難しいと思われる仕事に関わることは、結果的には能力の開発になるわけです。

そして、最後が「対立構造をつくらない」ということです。

たとえば、会議にしても欧米人は自分の都合を押し付けて合理的に論破することを得意としていますが、日本人は無意味な対立を避け、何かの決定をする前日に酒を飲みながらお互いを理解し、最適な答えを見つけ出すために話し合ったりします。私はこれを「日本人らしい美しい知恵ある談合」と呼んでいます。談合と言ってしまえば聞こえは悪いのですが、そのようにして知的な答えを見つけてきたのも確かです。それには質の高い、戦いをしない、平和と質素を保った日本人の良き民族性が基本にあると思います。

こうした考え方をもとに、デザイナー一人ひとりが自分の意見をしっかり持って自我を確立し、日本人の知的センスと世界中の新しい文化を組み合わせていくのが、デザインの義務ではないかと思うのです。

デザイナーが守るべきデザインの境界線

デザインという仕事は、不都合の連続だと述べました。
しかし、この不都合というものは、ただ単に受け入れればいいというものでもありません。時には理不尽な要求や物理的に不可能な問題に対して、しっかりと境界線を引かなければいけないのです。つまり、これはその仕事を引き受けるか、それとも断るべきかという境界線ともいえます。

私の場合でいえば、まずは相手の要望をしっかりと受け入れながらその仕事に対する理解からはじめますが、同時に自分の得意技に持ち込むことができる割合を考えるようにしています。それを私は「51対49のデザイン法則」と呼んでいます。

これはどのようなことかというと、デザインを展開するときに、自分の持ち味や得意技が五〇%以上の形で展開できる仕事をするということです。

いくらクライアントの要望だからといって、その要望を鵜呑みにしてそのままデザインをしても間違った方向に進んでしまう恐れがあり、結果的に時間も予算も無駄にしてしまうことがあります。もしこれがクライアント主導型でパーセンテージが逆転してしまうようであれば、その仕事は私が受ける理由はないということでお断りをするようにしています。

これは決して自分のわがままでもエゴでもなく、デザイナーの理念として守るべきデザインの境界線だと私は考えています。それは、予算的な理由やスケジュール的な理由などもありますが、何よりデザイナーが大事にしなければいけないのが、総合的かつ創造的なデザインだと思うからです。

これは非常に難しいことでもあるのですが、デザイナーがたとえ一%でも相手よりも多く自分の得意技に持ち込むことができなければ、相手にとってもまた、そのデザイナーに頼んだ意味がなくなってしまいます。

この一％をしっかりと確保するためには、数字や時間のなかに隠れているあらゆる状況を自分のアイデアやコミュニケーション力を使って翻訳していく必要があります。

私の事務所に来る最近の若い人たちはみんな素直で性格がいい人ばかりなのですが、自分の主張が弱く、人間として自立していないのではないかと不安になることがあります。

デザイナーはコミュニケーションを図っていかなければ楽しく仕事ができませんし、そもそも自立できていないデザイナーは仕事では役に立ちません。まずは人間としてしっかりと自立し、そしてデザイナーとしてのコミュニケーション能力、とくにプレゼンテーションする能力を磨いてほしいと思います。

そのためには、まずは正直であること、素直であることが大切であり、できることはできる、できないことはできない、わからないことはわからないと言うことが大事です。これからの時代はとくにそういうことがより必要になってきます。

仕事の相手がいくらベテランの職人さんであっても「ダメなものはダメ、いいものはいい」と遠慮せずにはっきり言えることが良いデザイナーになるためには大事になります。

それを可能にするには自分をよく観察し、自分というデザイナーのデザインのレベルはどの程度なのか、ということを知っていなければいけません。自分がデザイナーとしてどのレベルに位置しているのかを的確に知ることがチャンスと出会うためにも大事なことです。

時代によって価値観というものは変わっていくわけですが、デザイナーという仕事は普遍性のある価値観を持たなければいけません。予算やスケジュールというものはあくまでも商業的な価値観のもとに決められることが多いなか、私たちデザイナーが常に背負っているものが「売るデザイン」ではなく「使うデザイン」だということを念頭に置いてみてください。

目先のことだけを考えるのではなく、遠い未来を見据えた創造的な計画をしていくことに公共デザインの魅力があります。それがある領域を超えて、利用者に感動を与え、常識や既成概念をうち破るようなものがつくれる土台になるのです。

公共デザインの四つの心構え

公共デザインをするためには、必要な心構えが四つあります。

これは、常に公共で役に立つもの、人の役に立つもの、そして環境に対して良いものをデザインしようという考え方を常に持ち合わせることで生まれた公共デザインの基本認識です。

1．まず考え方を決める

私は「経済は文化の僕（しもべ）である」という考え方は正しいと思っています。これは豊かな生活をするために経済活動があり、経済活動のために公共を犠牲にしてはいけないということです。

公共デザインでは、企業の利益だけを考えて行うと往々にして間違った答えを引き出してしまいます。商業至上主義で利益追求を優先するあまり、環境が悪化していく例を私はたくさん見てきました。

そこで、公共デザインをするときには「何のため」なのか、そして「誰のため」なのかをデザインをする前にまずは考えなければいけません。

もちろん、クライアントである一企業のためであっても、最初に考えなければいけないのは「公共」という意識です。そこでは自分の理念を含めた経済性や文化性、さらには歴史観といったトータルなモノの考え方でデザインの構想を練る必要があります。

2．利用者の立場に立つこと

公共デザインをするときには、その運営者や製造者のことも考えなければいけませんが、第一には利用者の立場に立つということが重要です。

私は公共デザインをするときには、必ず自分が「利用者の立場だったらどうだろうか」ということを常に意識しています。そこで、クライアントに対して「私は利用者の代表としてニュートラルな立場でデザインに参加しますが、それでもよろしいでしょうか」という了解をあらかじめ取るようにしています。それによって正しいデザインへの方向性が定まってきます。

3．コストパフォーマンス意識を徹底する

デザイナーはコストに縛られてしまうと良いアイデアは出ないと思っています。しかし、もちろん数字を無視することはできません。そこで、デザイナーはデザインをする前に数字のなかにある本質を見抜くことが重要になってきます。これは、コスト

のなかでクライアントや利用者の期待値を超える仕事をするということです。たとえば、一時間の仕事を三〇分で終わらせる工夫や、素材の低コスト感を感じさせないデザインを心がけるということです。

4．好み・趣味・アートは二の次、三の次とする

公共デザインの難しさとは、そこに答えがないということです。

私たちが手掛けている公共デザインの答えというものは、社会の意識レベルと個人の意識レベル、そして環境の意識レベルによって決まっていきます。そのなかで、私の手掛けた車両デザインというのは、個人的な好みや趣味で表現しているわけではありません。そこでは多くの人が望んでいることを翻訳し、さらには通訳して色や形、素材や使い勝手に置き換えて表現しなければいけないのです。つまり、公共デザインは自分好みでつくるアートではないということを肝に銘じなければいけません。

私は「美しいデザイン」ということにずっと焦点を合わせて取り組んできたのですが、そのうちに「美しい」という感覚は今の時代感覚において通じにくいことがわかってきました。そこで「正しい」そして「楽しい」という感覚が大切なんだと思うようになりました。だからこそ、私が今一番大事にしているテーマは「笑顔と笑いが生

まれるデザイン」なのです。なぜならば、多くの人が望んでいるのは笑顔のある毎日だからです。

公共デザインとしての800系新幹線「つばめ」

私が手掛けた車両デザインの代表作に、800系新幹線「つばめ」があります。これは旧型800系の新幹線をさらに進化させたらどうなるかというひとつの挑戦だったわけですが、まさに公共デザインの基本的認識から生まれた車両と言っても過言ではありません。まず、JR九州と私がこの新幹線を製造するにあたり、次のようなコンセプトを考え出しました。

・九州新幹線「つばめ」は九州の文化と経済と人を結び、豊かなコミュニケーションが生まれる公共の道具であり、利用する人にとっても運用する人にとっても無理のない使いやすい公共装置としてハード、ソフトの両面でデザインを進めること。

・九州新幹線「つばめ」は普遍性と機能美を追究すると同時に、日本であり、九

公共デザインの基本認識から生まれた九州新幹線「つばめ」

州という地域のアイデンティティを洗練された形で表現すること。そのためには先端技術から生まれた素材や工法、それに伝統的な素材と職人の技を組み合わせてコンテンポラリーに使いこなせるような公共デザインの充実に努めること。

このコンセプトは、利用者の立場に立った公共デザインの考え方がすべて集約されているといえます。

伝統という部分では、昭和初期からの歴史をもとに最速の豪華特急だけに許される愛称となった「つばめ」という名前をいただき、デザインという部分では、ヘッドデザインやボディデザインを行ううえで日本の日の丸をデザインしてボディに展開し、車内は可能なかぎり天然素材を使い、とくにシートにはプライウッド（積層合板）を使うことで軽量化を実現し、強度も増して利用者にとって心地良いものに仕上げていったのです。

プライウッドは、一ミリほどの薄い板を一一枚重ね、それを型に入れて数十トンの圧力で加熱成型されているので適度な弾力感が味わえます。

もちろん、新幹線そのもののハード部分は最先端技術であり、足回りやモーターやコンピューター制御などの製造が九九％の工程を占めていて、そこにはたくさんの技術者や職人たちが携わっています。そして、私たちが行うデザインの仕事は、最後の一％にすぎません。だから、人が見たり触れたり使ったりするときに、色・形・素材などの見映えや使い勝手がしっかりしていないと、それまでの九九％の工程が無駄になってしまうわけです。そのために、いかに伝統的なものとのコラボレーション、調和を図るかということにおいて、コストパフォーマンスを徹底した、厳しい素材選びが必要になってくるのです。

　洗面台の縄のれんに熊本県八代（やつしろ）産の藺草（いぐさ）を使用することで、人の存在がはっきりとわかるなかでも目線はしっかりと遮ることができます。さらには、天板や取っ手、額や窓のブラインドには九州産の山桜材を使用しました。このブラインドは、トンネルの入出時に急激な光量の変化を和らげます。そして、客室の前後の仕切り壁には鹿児島のクスノキを使用、極めつきは車内に鹿児島県川辺の仏壇職人の手作業による金箔（きんぱく）の彫刻を設置しました。

　そして、唯一ゼロからデザインできたのはシート部分で、できるだけ木材を使用しながら各車両で色が異なる日本伝統の古代漆色の西陣織を採用するなどの工夫がなされています。これらの工夫もまた、かぎられたコストのなかで実現させたものです。

このように、「私たちデザイナーが思いきった表現ができないと今まで頑張った人が報われない」という気持ちを持つことが重要です。そして何よりも、日本の伝統文化を踏まえた匠（たくみ）の技は、きちんと使うことによってよみがえると思うことです。

私たちのデザインが利用者から「すごいね」と言われたら、それまで頑張った人たちの努力が報われ、「この車両はすごい人たちがつくっているんだ」と認めてもらえたことになります。

つまり、デザイナーという仕事は最後の「一振り」を任されているのだということを忘れずに仕事に取り組まなければいけないのです。

既存の車両デザインに対する挑戦

世の中には数多くの「デザイン」が存在していますが、現実問題として総合的かつ創造的な正しいデザインと呼べる仕事はほんのひと握りだと私は感じています。

これを単純に説明すれば、現在のデザインはモノを売るための手段としてとらえられ、「多く売るために、いかにデザインするか」という考えのもとでデザインが組み立てられているのが主流だということです。

しかし、そのような商業至上主義的な考え方だけでは、総合的かつ創造的なデザインに到達することはできません。総合的なデザインというのは、「どうすれば売れるか」ではなく、「どれほど長く使うことができるか」ということを考えなければ、そのデザインは短命で終わってしまい、結果としてビジネスにおいても利益に結びつけることができません。

確かに、デザイナーの仕事はクライアントの利益や要望をカタチにする仕事です。そこには商業的な考え方も必要になってくるのも事実です。しかし、ここで重要なのは優先的に「目先の利益」だけを追求してデザイン活動をしてしまうと、大抵は間違った方向に進んでしまうということです。

私は現在JR九州のチームの一員として、九州を走る鉄道のデザインを手掛けているわけですが、一九八七年の国鉄分割民営化によって誕生したばかりのJR九州の状況は、赤字路線を活性化させるには「大胆なメスを入れる以外にない」という追い詰められたものでした。

しかし、私はJR九州の求める「効率と採算重視」というそれまでの鉄道車両の常識の、真逆を提案していきました。それができたのは、私自身が鉄道デザインの専門家ではなかったからです。座席数を大幅に抑え、ゆったりとくつろげる客席をつくり、資材には木材や本革など、メンテナンスに手間のかかる自然素材を使い、何よりもまず「乗客が旅における鉄道という移動手段をどう過ごすか」という問いかけをしてデザインしていくことに力を傾注したのです。これはまさに、既存の車両デザインに対するひとつの挑戦だったのかもしれません。

幸いなことに、九州にはすばらしい伝統工芸や技術があることを知り、それらを車両デザインに持ち込ませてもらいました。伝統工芸をつくる優秀な職人さんたちは自分の技術が九州の新幹線や特急に生かされることを喜んで、進んで協力してくださったので、結果的にはコスト的にも既存の新幹線や特急とさほど変わらずに完成させることができました。そこには、ＪＲ九州も含めたスタッフ全員の手間暇を惜しまない熱意があったからです。すなわち、それは私のクライアントであったＪＲ九州が掲げる地域密着のスローガン、さらには九州の歴史文化を生かしながら地域の活性化を図っていくという方向性とも合致することができたのです。この発想こそがＪＲ九州に真の筋力をつけ、ファンを生み、黒字経営へとシフトすることを可能にしたと私は思っています。

つまり、デザインというものは経済のソロバンありきではなく、まずアイデアを出す。そのうえでその実現がコスト的に難しいのならば、どうすれば実現可能かを考える。それが正しいやり方だと私は思います。デザインには直接的な利益追求だけでなく、夢を持って知恵を出すことが求められるということです。

私はJR九州の仕事において、「九州のためにデザイン力で何ができるのか」ということを常に希求しています。それは、九州の文化や風土を乗せて走る車両デザインを心がけるためには、色や形はもちろんのこと、素材や使い勝手、さらにはサービスなどすべてのことを利用者に伝えるためにわかりやすいデザイン活動があり、結果として経済と文化のバランスが取れるデザインが生まれると考えているからです。

現在では車両のみならず、駅舎、駅ビル、乗務員の制服、さらには駅弁など周辺のデザインも幅広く担当しています。それらはデザイン次第でわかりやすくも難しくもなります。しかし、それらをより質の高い次元へと変える力があるのが、デザインなのです。

第3章
日本の良さを活(い)かすデザイン

「米仕事」と「花仕事」

私がいつも使っている言葉で「米仕事」と「花仕事」というものがあります。

企業人としての稼ぎ仕事を米仕事、これに対して社会人としての務め仕事（公共や自分に繋がる仕事）を花仕事といいます。言い換えれば、米仕事は経済に繋がる仕事であり、花仕事は環境や文化を大切にする仕事と考えてもいいでしょう。このような仕事の分類は、農家生活などがまさにぴったりとはまっています。

私が生まれ育った岡山の村では、朝五時から農家の人たちが農作業をしています。まさにこれが、稼ぎ仕事の米仕事です。そして、午後になると花仕事として壊れた橋を直したり、お祭りの準備をするといった、村全体の仕事に取り組むわけです。これによって、環境や文化、そして人や物事が栄えていくというわけです。

日本では経済重視の「企業戦士」が多く、圧倒的に米仕事が多いのですが、私はできるだけ文化を持ち込んだ花仕事をしていきたいと考えています。そうすると確かに利益率は下がるのですが、それが仕事として長続きする要因になったり、本当のファンを生むことに繋がっていく。これが私の世の中を良くしたいと希求する心、つまり

「ソーシャルモチベーション」の源になっているのです。

そして、花仕事は何よりも自分自身が楽しんでその仕事と向き合うことができます。稼ぎ仕事の場合はどうしても決められたルールや制限のもとでモノづくりをしていかなければいけませんが、務め仕事の場合はサービス精神が必要になってくるので、アイデア次第では自分なりの仕事をしても幾分許容されることが多くあるからです。

また、デザイナーにかぎらず、大人の最大の仕事は子どもに感動を与えることだと思います。だから私は、仕事として子どもに感動を与えるような空間を生み出さなければならないと常に考えています。これも私のソーシャルモチベーションの重要な要素です。だからこそ、次世代を生きる子どもたちも視野に入れながら、可能なかぎり笑いと笑顔をデザインしたいというのが私のデザイナーとしてのテーマでもあります。

このように公共デザインにおいて、米仕事（経済性）と花仕事（文化性）のバランスを保つようにしていくと、利用者が好むものができあがっていきます。実際にそのバランスを追求することが、最終的に一番いいデザインを生む可能性が高いのです。

花仕事から米仕事を生み出す

私が以前車両デザインを手掛けた和歌山電鐵貴志川線という路線があります。このときに登場したのが「いちご電車」「おもちゃ電車」、そして「たま電車」です。

当初のコンセプトは「楽しいものをつくろう！　ナンバーワンではなくオンリーワンをつくろう！」という、まさに花仕事を意識したものでした。

そして、この「いちご電車」は地域と一体になりながら、貴志川特産でみんなが好きな果物のひとつである「いちご」をテーマにデザインされています。そして、和歌山県は木の国ですから、手間暇をかけて床材として楢の木のむく材を使用するなど、吊り革、ベンチシートや家具など、これまであまり木を使わなかった細かいところにまでふんだんに木を使って思い切ったリニューアルをすすめ、木の神様の国にふさわしい仕上がりにしました。地元の皆さんがそれこそ通勤や通学で利用する車両のリニューアルにこれだけの夢を乗せた電車は珍しいと思いますし、「乗ってみたい電車」として、和歌山県の名物のひとつになっています。

この「いちご電車」に続く第二弾として、世界初の「おもちゃ電車」をデザインし

貴志川特産のいちごをテーマにした「いちご電車」

おもちゃをテーマにした世界初の「おもちゃ電車」

一匹の猫から生まれた「たま電車」

ました。おもちゃ全般をテーマとして、カプセル入りおもちゃの自動販売機を一〇台設置したほか、おもちゃを展示できるショーウィンドウや本棚、さらにはベビーサークルの設置などを施したことで、全国から注目を集めることになりました。

　また、この路線の終着駅である貴志駅に猫がいるということで、和歌山電鐵の小嶋光信（こじまみつのぶ）社長がその猫を「たま」と名づけて駅長にしてしまったのです。最初は冗談かと思っていたのですが、小嶋社長から電話があり、「水戸岡さん、猫の電車のデザインは進んでいますか？」ということでこれは本気だと理解しました。そこから猫をイメージした車両をデザインし、お披露目の日には小さい駅に何千人もの人たちが集まり、大きな盛り上がりを見せたのです。

私にとってこの仕事は、花仕事をしていくうちに米仕事になっていったひとつの成功事例だといえます。これがデザイナーの本来の仕事のあり方だと感じた瞬間でした。確かに、花仕事にはボランティア的な要素も強いですが、そこに存在する「無理や無駄」をいかに大切に考えられるかが、ソーシャルモチベーションをつくるポイントになってきます。

もちろん、花仕事だけでもいけませんので、米仕事とのバランスをしっかり取っていくことも重要であり、米仕事のなかでも花仕事を見つけることがデザイナーの感性を磨くうえでは大切なのです。

企業もデザイナーもそうですが、経済性だけを追い求めて異常な成長をしないということが重要です。どこの企業も「お客様第一」というモットーを掲げますが、最後は事業者の論理が働いてしまうものです。目先の利益だけを考えず、長い目で地域のことを考えられるか。それがやり切れるかどうかはデザイナーの気持ち次第なのです。

あえて譬(たと)えるならば、デザイナーにとって米仕事が「技」で、花仕事が「心」です。ゆっくり確実に心と技のバランスを取りながら、この米仕事と花仕事を意識して前進していくことで「正しいデザイン」への階段が見えてくるのです。

三つのエコロジーについて考えてみる

二〇世紀に活躍したフランスの哲学者フェリックス・ガタリが説いた「三つのエコロジー」という観点があります。これは、「環境のエコロジー」「社会のエコロジー」「精神のエコロジー」という三つのエコロジーレベルで意識改革を同時に進めないと、環境の保全はできないという考え方です。

私たちを取り巻くあらゆる環境というのは、人間自身がつくり出したものですが、その環境の変化やあり方こそが人間の未来を創造していきます。すなわち、環境の問題を環境の問題としてのみ解決しようとするのは不可能であり、それに加えて社会のさまざまな関係や人間の精神のあり方を変えていくこと、これらを関連的に考えてこそ、はじめてエコロジーの問題は解決の方向へと向かうことができるのです。

そこで、「環境」「社会」「精神」という三つのエコロジーが統合された視点から、デザインを解釈してみたいと思います。

日本は自然の資源が少なく、ひたすら加工をしてきた国ですから、もともとデザイナーが多い国だといえます。

そして、デザインというのは人間が持つ「感性的な特質」ととらえることができますが、ガタリは「社会は社会的な言葉だけでは解決せず、人間の内面にあるものが絡まってこないと物事の展望が開けない」と述べています。この言葉の意味するところを私なりに解釈すると、個人の意識レベル、複数の人が集まって構成する社会レベル、そして人間と環境のレベルを同時に考えることで、本来持たなければいけない環境や文化に対する考え方、ひいては正しいデザインが生まれるということだと思います。

こうしたことは個別に対応しても決して解決できることではありません。その対処法としてはデザインにおける違いや多様性を尊重し、自分と違う他者といかに共生、つまりコミュニケーションを図っていくかを考え、どのように行動するかが重要になってきます。どんなデザインに対しても、「美しくありたい」と思う心を持った人たちが、利用可能なすべてのコミュニケーション手段で理解を示し合い、団結しなければいけないということです。

こうしたことを考えながら、ＪＲ九州の仕事では可能なかぎりエコロジカルな車両をつくりたいということで、自然素材を積極的に取り入れています。プラスチックより木がエコロジカルだから木を使う。確かにコストもメンテナンスの手間もかかりますが、心と身体に心地良いものをつくることが環境のためにも最適だと思うからです。

美意識は常識と良識の上に成り立つ

モノが溢（あふ）れかえっている現代だからこそ、時代は公共デザインを考えた総合的な底上げの時代に突入してきていると私は感じています。そこで必要なのは「常識」「良識」「美意識」という概念です。

この三つの言葉を辞書で引いてみると、次のような意味が書かれています。

常　識……一般の社会人が共通に持つ、また持つべき普通の知識・意見や判断力
良　識……物事の健全な考え方。健全な判断力
美意識……美に関する意識。美しさを受容したり創造したりするときの心の働き

これを私なりに解釈してみると、「常識」にはルールがあり、良識にはモラルやマナーがあり、美意識にはホスピタリティが存在するということです。

皆さんは、孟子（もうし）の「性善説」と荀子（じゅんし）の「性悪説」という話をご存知でしょうか。

これは、その昔の中国にいた思想家の孟子が「自分の良いところを自覚して、いろいろなことを学ぼう」という「性善説」を説いたのに対し、荀子という思想家は「自分の悪いところを自覚して、いろいろなことを学ぼう」という「性悪説」を説いたという有名な話です。

なぜこの「性善説」と「性悪説」の話をしたのか。それは、どちらが正しいということではなく、いずれも「いろいろなことを学ぼう」という目的は同じということを認識していただきたいからです。

ではここで、公共デザインにおける「常識」「良識」「美意識」という三つの言葉をこの「性善説」と「性悪説」にあてはめて説明しましょう。

まず、デザインにおける常識と良識とは「性悪説」です。

日本の社会は常識、つまりはルールが先行して成り立っているといえます。確かにルールは重要なのですが、ルールばかりが厳しくなると心が貧しくなってしまいます。これはデザインに対しても同じなのですが、ルールや規則だけで公共デザインをしてしまうことで、伝統や文化性が失われてしまいます。そこで身につけなければいけないのが良識、つまりはモラルやマナーです。

そして、美意識というのは「性善説」だといえます。これが公共デザインを手掛けるうえでとても重要な考え方となります。

美意識は、国の文化や伝統のもとに培われ、そこにはモラルやマナーを超えたホスピタリティ、つまりおもてなしの心が存在するのです。要するに、公共デザインにおいて美意識とは常識と良識の上に成り立つ最も高い公共意識だということです。

公共デザインというものは「△△はよくないから○○にしよう」といったルールに縛られたり、決められたマニュアルでは到底表現できないものです。そこにはルールや規則、さらにはモラルやマナーを超えた感動や満足といったホスピタリティが必要になってきます。これは、私がよく口にする「公共デザインはサービス業である」ということに繋がっていきます。

私は「働くということはすなわちサービスをすることである」とも思っています。それは、人のことを考えることができるということは能力が高いということでもあり、幸せになれる基本ではないかと思うからです。つまり、仕事で最も難しく、最も大事なことは人にサービスできるかどうかということなのです。

鉄道のデザインにしても、ただルールや規則だけに縛られて利潤を追求するのではなく、駅、街、環境など、すべてをトータルに考えながらデザインし、より良い社会の発展のために尽くすのがデザイナーの仕事です。ルールやモラル、そしてマナーというのは「技術」の要素が強いですが、ホスピタリティというのは「心」で感じさせるものだからこそ、人の心を動かすことができるのです。

心と身体で心地良いと感じる素材

車両のデザインにおいて、多くの人が心と身体で本当に心地良いと感じるものをつくりたいと考えたとき、身体で心地良いものというのはそれほど難しいことではありません。たとえば、お客様が利用する座席にしても、人間工学的に追求すれば座りやすい椅子(いす)というものはある程度完成します。もちろん、人間の身体は体形のうえでも千差万別なので、あくまでも「平均値」ということが前提です。

ところが、心で心地良いものはそう簡単には完成することができません。いくら座席や空間をデザインしても、サービスや公共空間そのものの環境を整えていかなければ、心は心地良くはならないからです。

では、どうしたらデザイナーはお客様の五感を刺激し、心を心地良くさせることができるのか。それは、次の三つのデザイン活動によって到達できると考えています。

1．健康で安全・安心できるデザイン

2.笑いと笑顔が生まれるデザイン

3.気配を感じさせるデザイン

この三つのデザイン活動の最もわかりやすい例が、和の自然素材です。

人間の心にも身体にも心地良い素材とはすべて自然由来のものであり、椅子にしても、いくら身体で心地良いと感じても、それに触れたときに素材が鉄やプラスチックだとその瞬間に心の心地良さは消えてしまいます。

ところが、その素材が木や革、紙や竹、草や土などの自然素材であれば三六度前後の人間の体温を上手く保つことができ、身体に快適な空間を生み出します。自然素材に包みこまれると不思議な心地良さを感じるのはそのためです。

確かに、こうした自然素材を扱うと手間暇がかかり非効率です。さらにいえば、安価で手に入り、加工しやすい金属やプラスチックなどの合成樹脂のほうが公共デザインでは扱いやすいのも事実です。鉄道会社にとって車両は大切な商売道具であり、万が一にも火災を起こしては大変ですから「燃えやすい木材は列車には使えない」という不文律がありました。しかし、合成樹脂などの化学素材は人の体温を奪ったりするうえ、廃棄上の環境面での問題もあります。それではお客様の心と身体を心地良くさせることはできません。

つまり、心の心地良さというものは、経済性だけを追求していては到底つくれないということです。こうして手間暇をかけ、それでもあえて自然素材を使おうとする理由は、そこに文化や感性を持ち込みたいからなのです。

自然素材を取り入れた空間では、お客様に五感すべてで自然の恩恵を感じていただけるわけです。本物の木の温もりやかおりに包まれることによって、この列車は「楽しい」という気持ちがお客様に芽生え、自然な笑いや笑顔が生まれ、幸せを感じていただけるのです。とくに、子どもたちには本物の木に触れてもらいたいと考えています。幼いころから本物に触れることは、目に見えないたくさんの情熱が詰まっている子どもたちの感性を育てるうえでも貴重な体験となるからです。

続いて、これが最も難しいかもしれませんが、「気配を感じさせるデザイン」というのは、人の心に、ある配慮や公共空間では「気配」というものを大事にしなければいけません。

列車にかぎらず、あらゆる公共空間ではサービスが行き届いているということです。

※

けません。日本の伝統とはもともとそのようなもので、「日本の街は気配で生きている」といえるかもしれません。それは、たとえ街に誰も人がいなくても暖簾がかかっていたり、打ち水がされていたり、あるいはお香のかおりがするというのも、この

「気配」が醸（かも）し出すものです。「見えないものを見えるようにする」という美意識が「気配を感じさせるデザイン」というわけです。

これは車両においては、たとえば列車に乗って座席に腰を下ろしたときにごみがきれいに片づけられている、窓ガラスがきれいに拭（ふ）かれている、あるいはテーブルを使うときに清潔な状態が保たれている様子などを見たときに、「誰かが掃除してくれているからきれいに使おう」という意識を持っていただくためのデザインということです。

そのためには、公共空間にひとつの物語がなくてはいけません。お客様がその空間に入ってから物語とデザインを感じ、公共施設などの運営者とデザイナーの意図に気づき、「心地良い、楽しい、美しい」といったデザインを五感で感じる瞬間が描かれているかどうかということです。このような考え方というのは、「おしゃれなデザイン」であるとか、「かっこいいデザイン」などという次元をはるかに超えた、ソーシャルモチベーションを備えたデザインを生み出すもととなるのです。

メーカー主導型からデザイナー主導型へ

私が手掛けている車両デザインは、人によっては「相当お金をかけているのではないのか？」と思われることがあるのですが、一般的な車両と同じ予算とスケジュールでつくり上げています。それができるのは想いや情熱が強いからです。予算やスケジュールに制約があるなかで、いかに技術を発揮するかというときに作業の効率化を図る必要があります。

一般的に車両の製造というのは車両メーカーに丸投げ発注する場合がほとんどです。そのような場合というのは、予算が決まっているなかでメーカーが一定の利益を取り、残った予算でつくれるものをつくるという量産方式のメーカー主導型の発想です。もちろん、それはそれで製品としてはとても立派なものができるのですから、その方法がいけないと言っているわけではありません。

しかし私は、車両のパーツごとに細かくメーカーを選定し、それぞれが持っている得意技を発揮させるために単発発注し、こうしてできたクオリティの高いパーツを集めてひとつの車両に仕上げて、コストと時間を大幅に削減しています。これがメーカー主導型からデザイナー主導型へシフトした車両製造です。

確かに車両メーカーに丸投げ発注すれば、デザイナーを含め担当者など多くの人がいろいろな意味で楽ができます。反対にデザイナー主導型では、手間暇をかけてクライアントを説得する必要がありますし、業者を分ける、素材を分けることで、あらゆる場面で交渉事が増えることになります。しかし、そのことによって新しいアイデアや仕事のやり方が生まれていきます。このことが、プロジェクトを動かしていく原動力となるのです。

いくら予算があっても、いくら上層部から「ああしろ、こうしろ」と言われても、公共デザインのプロジェクトというものは本当の意味では動き出しません。

一番大事なのは、公共デザインを行ううえでのハードル、私の場合でいえば、最初はクライアントとの交渉という大きなハードルであり、さらにはメーカーや職人さんとの交渉など多くの障壁でありますが、それらをひとつずつクリアしていくことです。この過程で多くの人たちに仲間意識と共通認識が生まれ、その人たちの情熱が重なることで同じ方向を向いて仕事をすることができ、結果的に利用者に喜ばれる車両が完成するのです。

私はこれまで、JR九州という企業で五代にわたる社長と仕事をしてきました。どの社長も公共デザイン、さらにソーシャルモチベーションの認識レベルが高く、経済重視ではない最も難しい選択肢を勇気をもって常に選んできた人たちです。この難しい選択肢というのは未(いま)だかつて無かったものをつくるというチャレンジ精神です。

もともと人間というのは、良いステージがあったり、やりがいを感じられれば頑張れると思います。しかし、私たちの仕事の大半はどうしても経済優先で、売るためのの量産化、均一化、短納期、コスト削減のなかで、個人の能力を出し切れていない場合がほとんどです。そこで、デザイナーは「自分の時間」をいかに使うことができるのかを考える必要があります。これは、労働時間が決まっていても、自分を表現するためには自分の時間をいかに効率よく使うかを考えるということです。

私が常に言っている「使うためのデザイン」、あるいは「正しいデザイン」をするためには、利用者を納得させるだけのデザインを出していかなければいけません。当然ながらつまらないものには賛同してくれないのです。それは、大企業のデザイナーも小さい会社のデザイナーも、個人のデザイナーであっても関係なく、「自分はこんな仕事をしている」という誇りを持ち、家族や友人に自慢できる仕事をしなくてはいけません。

経済優先の資本主義社会のなかで会社の都合や社会の都合で人に自慢できない仕事をやっている人も多いかもしれません。しかし、自分のやりたいこととそれを求めている会社や利用者と出会うこと、それが自慢できる仕事への第一歩ではないでしょうか。

職人さんの技術を最高に引き出す

私たちデザイナーが描くデザインや図面というのは、完成品の五〇％程度のものだと考えています。言い換えれば、デザインや図面というのは私が本当につくりたいものの五〇％しか表現できていないということであり、残りの五〇％はデザインや図面ではわからない世界だということです。

では、一〇〇％にするためにはどうすればいいのか。それは、職人さんの作業現場や工場現場に直接足を運ぶということです。

私の実家は家具製造業で、モノづくりを見て育ちました。職人さんに対する尊敬や信頼は人一倍あります。そこには現場のスタッフとの綿密なコミュニケーションというものもあります。たくさんのものを見て、たくさんの人に会うことで生まれる私のデザインやアイデアに、職人さんのかぎりなく広がるアイデアや表面的には見えない努力が融合される瞬間というのは、モノづくりにおいてはとても重要な場面です。

たとえば、ＪＲ九州の内装デザインには多くの自然素材を用いていますが、木材ひとつにしても職人さんがこの世に二つとない木目や組手、強度を考えて提案してくれるわけです。これは私には理解できない領域ですが、こうしたものが採用できるのも、当然ながら、お互いの尊敬と信頼という関係性があってこそです。

さらに、私が現場に足を運ぶ理由として、車両のデザインというのは道のりの長い作業ですが、車両を納品する前日などは夜通しで作業している職人さんたちがいて、もし何か問題が起きた場合などに、すぐに対処できるようにするためです。

また、私がJR九州の仕事を二〇年以上手掛けてきて感じていることのひとつに、技術の進歩があります。

787系特急「つばめ」を設計しているときは三次元曲面をつくるのに職人さんが骨組みされた鉄板を叩(たた)いていたのですが、その後の技術の進歩により885系特急「かもめ」からはアルミ板の削り方をデータ入力して、コンピューターで削り上げることできれいにつくることができるようになりました。それによって今まで圧倒的に男性に支持を受けていた車両デザインは、女性をも魅了する美しいカタチへと変化していったのです。これは私一人の功績ではなく、職人さんや現代技術の進歩があるからに他ならないのです。

そのような意味においてもデザイナーはできるかぎり現場に足を運び、職人さんの技術を最高の形で活(い)かせるようなデザインを心がけ、技術の発展とともに今できる最高のモノづくりを納得できる形で進めていく必要があります。自分の思いだけを職人さんや最新技術に押しつけていくばかりでは、公共デザインはできません。

豊かなコミュニケーションから生まれる公共空間

私は車両のデザインをするときには、顔も名前も知らないお客様たちがひと言、ふた言の会話を交わしたくなるような空間を意識しています。

列車に乗り込んだお客様は、まず自分の座席を探しながら歩いていくわけですが、お客様が座る椅子というものは車両デザインのなかではとても重要な位置を占めています。なぜなら、それぞれのお客様が唯一(ゆいいつ)占有できるものが椅子で、あとは公共のスペースになっているからです。そのような意味で私にとっては椅子が車両デザインのはじまりになっており、椅子のデザインが決まらなければ先に進むことができないのです。

デザイナーというのは最初の段階から空間をとらえて考えますが、一般のお客様は空間を意識するのはしばらく経(た)ってからです。

まず椅子に座った瞬間に「おっ！　座り心地がいいな」とお客様に思わせることが

できれば、デザイナーとしての第一段階はクリアです。そのような感覚は、私自身も含めて誰もが持っている感覚です。するとと、今度はリクライニングを倒したり、テーブルを広げてみたりと実際に手で触れてみるわけです。そこで「この列車は何か違うぞ」という興味から、今度は目線が椅子から窓、天井、壁というように移っていきます。そこに生まれるのが「気づき」です。この気づきがはじまると、「この列車は何か面白いかもしれないぞ」という好奇心から、人はだんだん笑顔になっていくのです。

そこからさらに空間へと感覚を広げていくことで、最後には立ち上がって歩き出し、何人もの「車両探検家」たちがワクワクした気持ちで車内を見て回るようになります。すると、その探検家たちが「幸せ感の共有」をはじめるわけです。たとえば、800系新幹線「つばめ」では、それぞれの車両の椅子や木の色、さらには壁の色が違うのですが、このようなことは車内を歩き回ることによってはじめてわかる気づきです。

このような発想の原点は、実は「あったらいいな」を形にするという、とてもシンプルな考えに基づいたものです。子どもが大好きなおもちゃがずらりと並ぶおもちゃ屋さんのような列車、お年寄りから幼い子どもまで楽しめる懐かしさあふれるSL、さらには本革のシートと大きな窓を実現した通勤列車など、私は既成概念にとらわれず、自由な発想で「あったらいいな」のアイデアを膨らませ、形にしてきたのです。

また、私がデザインする特急車両には、できるかぎりビュッフェを採用しているのですが、このスペースでも探検家たちや家族連れが集って「どちらまで行かれるんですか？」、あるいは同じトイレを使った人たちの間に「何かオシャレなトイレですね」などといった会話が生まれ、そこには何ともいえない高揚感のような空気が流れはじめ、豊かなコミュニケーションが生まれていくのです。そして、そのコミュニケーションはたちまち車内に広がっていき、お客様はサービスクルーや車内スタッフを「この素材は何を使っているんですか？」「この電車は誰がデザインしたんですか？」などといった質問攻めにすることも少なくありません。

期待値を超えれば、大事にされる

結局のところ公共の空間や道具、そして装置というものは、人が汚すかもしれない、あるいは壊してしまうかもしれないという考えのもとにつくられているケースが非常に多いのですが、人間は自分が生きている空間にある道具や素材を目の前にすると、そのモノに対する本気度を動物的な感覚を以って知ることになります。つまり、本気でつくられたものを汚したり、壊したりすることができなくなるのです。これは子どもだけではなく大人も同じです。

私の自宅兼事務所として使っている建物は全面コンクリート仕様になっているのですが、この建物を建てるときに「水戸岡さん、こんな全面コンクリートにしたら落書きされますよ」と言われました。でも一度も落書きをされたことはありません。私が手掛けた岡山の運動公園も同じで、落書きひとつありません。そこは利用する人たちに対して優しく、わかりやすく、使いやすく、美しく、楽しい場所を提供しようと、まさに本気で考えたデザインだからです。これは公共空間、ひいては街の「使い方」を学習することができるデザインの見本の一つになり得ると思います。

公共の装置ということでいえばトイレが代表的なものですが、きれいなトイレであれば「汚さないように使おう」という意識がすべての人に芽生えるはずです。つまり、期待値を超える、想像を超える公共デザインというものは人に守られるのです。そのためには、多くの人たちの期待値や想像を超える公共デザインをいかにして生み出し、環境を整えていけるかがソーシャルモチベーションになるわけです。

このような意識というものは、常日頃からの教育や環境によって養われていきます。そしてそれは、公共の空間だけで完結する問題ではなく、自分の家での生活、学校や会社での生活といった日常生活のなかで育（はぐく）まれていきます。

まずは個人の意識レベルを変えるために、できることからはじめてみてください。たとえば、掃除をまめにする、整理整頓（せいとん）を心がける、あるいはトイレをきれいに保つということでもいいでしょう。そのようなことが日々行われていくことで自然と公共空間、ひいては社会全体が心地良く楽しい雰囲気になっていくのだと思います。

世界に向けて新しい価値観を生み出す

戦後の時代を生きている私たちにとって、欧米の影響は多大なものです。しかし、戦後まもなく日本人が従来持ち合わせていた和の文化を捨ててしまい、アメリカやヨーロッパの文化をそのまま取り入れてしまったことに対し、私自身ずっと心地良くないと感じていました。

本当は、私たち日本人が持つ「和」の様式をベースに「洋」の様式を重ね合わせればよかったのですが、「洋」の上に「和」の様式を乗せているのが現実です。それが経済優先型の社会をつくり出してしまった原因でもあります。それがゆえに妙な心地悪さが残ってしまい、今では多くの人たちがそうした感慨を抱いているかもしれません。

しかしここにきてようやく、デザインにかぎらず、あらゆる分野で「和」のテイストをベースとして物事を考えるようになり、日本人のオリジナリティ、日本人の存在理由が明確になりつつあると感じます。

私が手掛けている車両デザインは、水面下に隠れた杭(くい)のようだった「和」の様式をもう一度見つけ出そうとする試みです。世界中のあらゆるすばらしい考え方やデザインや環境を踏まえたうえで、懐かしくて、それでいて新しい「和」の様式をしっかりと根づかせ、公共空間における未(いま)だかつて無い日本の新しい価値観を生み出していこうとの考えが根底にあります。

日本という国は高度経済成長を経て、これだけの経済大国になりました。そこにはあらゆる国々からいただいた経済成長もあったはずです。だから、自分の国だけ幸せだったらそれでいいということではいけません。

そのようなことを考えたときに、私たちデザイナーにできることは、デザインの力をもとにして世界の人たちに何かプレゼントする、世界に向けて日本の新しい価値観を提供するということではないでしょうか。日本という国、日本人のデザイナーにはそれができそうな気がしているのです。それが五感で栄養を享受(きょうじゅ)できる、健康で安全で安心できる二一世紀の新しい様式を生み出す公共空間と装置なのです。

「和」を洗練して表現する

デザインの仕事というのは、常に時代が求めるものを表現することです。もちろんお金を稼ぐことも大事なことですが、予算やスケジュールの都合もあるなかで、それでも利用者の立場に立って普遍性や機能性、そしていつの時代も最も意識されてきた「時代の求める用と美」を取り入れることです。

乗車時間がたとえ一分でも、鉄道による移動はすべて「旅」だという認識でとらえると、五感で味わうすべてを満足させなければいけません。視覚や触感などで心地良いと感じるものを使うことが多くなるのはそのためであり、そのなかで私はデザイナーとして日本人の伝統と誇りである「和」を見つけてデザインします。そしてこの「和」を日本だけではなく世界に発信していかなくてはいけないと考えています。私の手掛けている車両デザインに九州の風土をちりばめている理由はそこにあります。「はじめに」でも述べたように、私たちデザイナーの仕事というのは車両全体の一%にすぎません。すなわち、車両のすべてにおいて「和」のテイストにすることは不可能ですが、たとえ一%でも「和」を取り入れて日本人の心を見事に表現できた瞬間に、公共デザインを変える力が生まれると私は信じているのです。

たとえば、800系新幹線「つばめ」の外観はどこから見ても新幹線ですが、内部に金箔を貼るだけでも「見事に『和』が表現されているね」という評価をする人も大勢いらっしゃるのです。

「機能美」という言葉がありますが、「機能」というのは世界共通のルールのなかで定義されるものですが、「美」というのは人や国によって意識が違います。そこで、私たちは「日本人が持っている美しさとは何だろうか」ということを突き詰めて表現することで、世界中から日本を訪れた人たちの日本の美に対する理解がはじまると考えています。

日本人である私が「和」を表現せずに「洋」を表現しても、それはさほど意味がないのかもしれません。そこには日本人のデザイナーとしてのＤＮＡであったり、存在理由が見つからないからです。

国際的な価値観でいえば、日本人が日本人的な発想や考え方を以って、いかに「和」を洗練して表現していくか、いかに世界で失ったもの、あるいは足りないものを補っていけるのかによって、日本人の存在理由がわかるのかもしれません。

デザイナーのフェアプレー精神

私の持論として、デザインにかぎらず、あらゆる仕事というものはフェアプレーで成り立っていると思っています。

この「フェアプレー」とは、正しい仕事をするために勤勉さを持ち、陰日向(かげひなた)なく自分の能力を一〇〇％発揮するということに他なりません。どういう状況であれ、お金が儲(もう)かる儲からない以前に、与えられた仕事で一〇〇％の力を発揮することで利用者から正当な評価を受けることができ、次のチャンスや出会いを生む可能性が増えていきます。なかには能力があるのに手間暇を惜しんで要領よく目先の利益だけを追いかけるような、ある意味で上手な生き方をして能力を蓄積せずにいる人もいますが、もったいないことです。

仕事というものはゆっくりと確実にやっていくことが大事なのではないかと私は考えています。これはのんびり仕事をしろという意味ではなく、若いうちから急いではダメだということです。いくら何かを為(な)し遂げたいと思っても、本当の意味での仕事の理解は四〇代から五〇代でようやく生まれてくるものです。仮に若くして成功してもなかなか長続きはしないものです。本当に若くして成功し、その後もばりばりと仕事を続けているデザイナーはほんのわずかです。そういう人は常に進化し続け、エネルギーがあり、周囲に対して説得力があり、ブレーンになり得る仲間がいます。つまりは、いろいろな意味で「総合力」がある人です。

私自身、こんなにも仕事ばかりの毎日で不安に苛まれた時期もありましたが、私は勉強が嫌いであったため、基本的に他の誰よりも仕事をする時間を取らなければ「人並み」になれないと考えています。だからこそすべては自分のこれまでの体験で話をし、その体験のなかで人から聞いた言葉と自分の考え方とをコラボレーションしてきたのです。それを繰り返しているうちに、自分の考えやアイデアが形成されてデザインに浸透していったと思っています。そして、ありがたいことにそんな私をちゃんと見てくれている人がいて、きちんとチャンスを与えてくれました。常に努力して勤勉に働いていれば、必ずチャンスが来て良い仕事ができるはずです。これが常々私が言っているフェアプレーの精神です。

世の中には「不平等」と思えることがたくさんありますが、その大半は自分の努力や経験不足による不平不満だと私は思います。先のことばかり考えず、今与えられた状況のなかで、人と豊かなコミュニケーションを交わしながら自分ができる最高の仕事をコツコツとやるしかないのです。

もし、あなたに簡単な仕事と難しい仕事が提示された場合、ぜひとも迷わず難しい仕事を選ぶようにしてみてください。可能なかぎり難しい仕事を選んでいくことがあなたの能力を向上させ、誰もやったことがない仕事へとあなたを導き、認められる確率が高くなります。そして何よりも、難しい仕事ほど達成できたときの感動は大きいのです。

私は現在六九歳です。未だに現場でやるべきことが多い日々を送っていますが、仕事というのはデザインにかぎらず始まりから終わりまで、ずっと反省と学習の繰り返しだということを意識しなければなりません。

六五歳になったら定年で、年金生活をするということではなく、これまで世の中に育ててもらいながら蓄積されたいろいろなノウハウやスキルを、今度はいかに社会に還元していけるかを考えるべきなのです。つまりは、ここからがスタートだという意識を持ってほしい。それもまた人生におけるフェアプレー精神なのかもしれません。

そのような時期というのは「ニュートラル」なものの考え方が少しできるようになってきます。つまり、あらゆる人や企業、さらには国に対してもニュートラルな意見が言えるようになります。

つい先日、スタジオジブリの宮崎駿さんが現場の第一線から引退されるというニュースを耳にしましたが、これまで長く現役を続けていらっしゃったのは、きっとそのような、自身の経験という技の使い道が残されていると考えたからではないでしょうか。

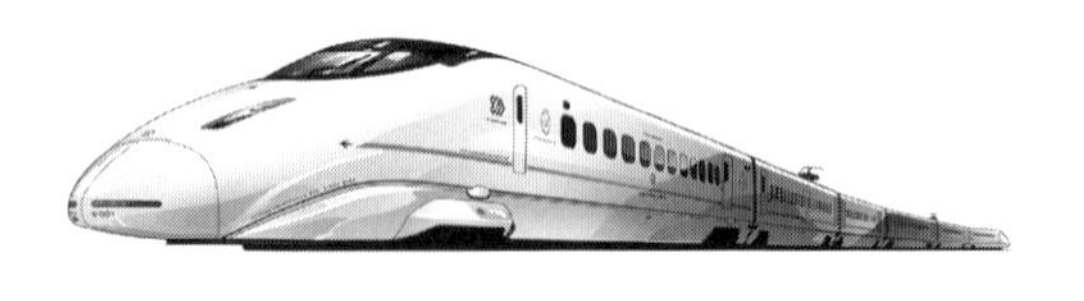

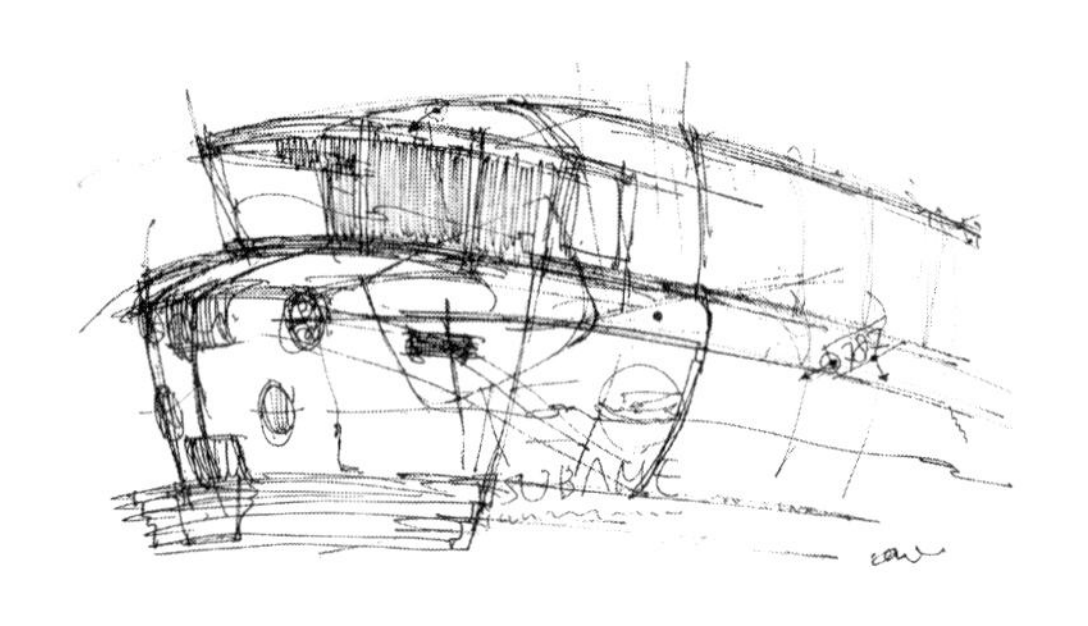

PART2

デザインの現場

第４章
鉄道デザインの裏側

手描きの一本の線を大事にする

若いデザイナーたちはコンピューターでデザインするのは得意かもしれませんが、フリーハンドは苦手のようです。私がデザインをするうえで意識してやっていることは、手を使って線の一本一本を描くということです。それが私の持ち味だとも思っています。

手描きという作業は、頭に浮かんだイメージを瞬時に表現できます。

たとえば、椅子はこうですね、照明も欲しいですよね、窓はいくつ？　サイドテーブルは？　といったように、相手と話をしながら具体的に形と内容を素早く詰めていけることも手描きならではのメリットです。

もちろん、車両のデザインも一本の線からはじまります。

手描きで外観や内観のデザイン画を描いていき、規制やコストとの調整を図っていくのですが、公共デザインや工業デザインのなかに手作業が入り込むと、製品の質が格段に上がっていきます。また、私が描いた一本の線をきれいな線と思うか、それともつまらない線と思うかで、その後における職人さんの仕事の質にも大きな影響を与えると思っています。

私は喋るのが得意ではありませんので、「絵話」と呼んでいるのですが、絵でイメージを伝えること、そうした絵と言葉を交えた打ち合わせが終わるころにデザインはほぼ完成していることが多いのです。

また、描くことは頭の整理に結びつくということもあり、手描きの線がなければ私の脳は働かないこともあります。逆を言えば、それさえあれば頭のなかにあるイメージが手を通じて出てくる可能性が高いわけです。

私は五〇歳を過ぎたころからようやく日本の伝統や文化に興味を持つようになってきました。昔のモノは良くできているなとか、美しいなとか、よくここまでつくったなとか、自然と一体化して生きていくその知恵は、時代の要求したデザインだと感じることがあります。その知恵をもう一度現代風にアレンジして構築できたら、多くの人が豊かになれるかもしれない。それをデザインによって今の人たちにわかりやすく伝えていくために、手描きの良さというものを大切にしているのです。

一本一本の線をフリーハンドで描いていく

７８７系特急「つばめ」

初めて手掛けた
鉄道車両のトータルデザイン

九州旅客鉄道　鹿児島本線（1992年７月）
ブルネル賞、ブルーリボン賞、グッドデザイン賞 受賞

アメニティとモビリティの融合

787系特急「つばめ」は、私が初めて計画段階から内観・外観を含めたトータルデザインを手掛けた車両です。いわばこの車両から、私の鉄道デザインがはじまったと言っても過言ではありません。

この車両を手掛けた一九九二年というのは、JR九州は赤字体質の企業で大変な時期でもありました。そこで、「何とか突破口を開きたい」ということで九州の大動脈である博多(はかた)から西鹿児島までの四時間一〇分の旅をどのようにデザインするかということが、この車両のD&S（Design and Story）だったのです。なお、D&Sは、JR九州の観光列車はデザインの特徴を際立(きわだ)たせ、それに乗車する人にストーリーを感じてもらいたいということから生まれた開発コンセプトです。

航空機や自動車が旅の移動手段として根強い人気があったなか、民営化によって誕生したばかりのJR九州は経営戦略に革新的な政策が必要でした。そして、地方の在来線にもう一度まばゆい光をあてるためには何が必要なのかを考えたとき、未(いま)だかつて無い豊かで心地良い車両づくりが求められたのです。

そこで生まれた発想が「アメニティ（快適性）とモビリティ（機動性）の融合と街

並みの一部になり得るホテルのような車両」です。

さらには、このときはまだまだ難しかったのですが、多くの人に満足を与えることができる重厚感のあるガンメタリック、迫力のある斬新なフォルム、そして素材には天然素材をどこまで持ち込むことができるのかがひとつの挑戦でもあったのです。木を使えば火災を危惧し、ガラスを用いれば割れたら危険と心配される。新しいものを取り入れるということは必ず最初に激しい抵抗に遭うものですが、組織においては誰もやったことのないものへの挑戦が重要なのです。それを一度乗り越えてしまえば、誰もが当たり前のようにやり出すのです。

そしてもうひとつ、お客様に快適な旅を提供するための方策として、座席数を大幅に減らしました。

既存の特急車両というのは、最も利用客が多いお盆や年末年始を基準に座席数を設定しているのですが、年に一、二回帰省する乗客よりも普段から利用する地元の人たちを最優先に考え、座席数を減らすことによって豊かで心地の良いパブリックスペースが生まれたわけです。このことにより人と人が対話できる空間がつくられることになり、その目玉となったのがビュッフェです。

私は「787系特急『つばめ』には食堂車をつくりたい」とJR九州に提案しまし

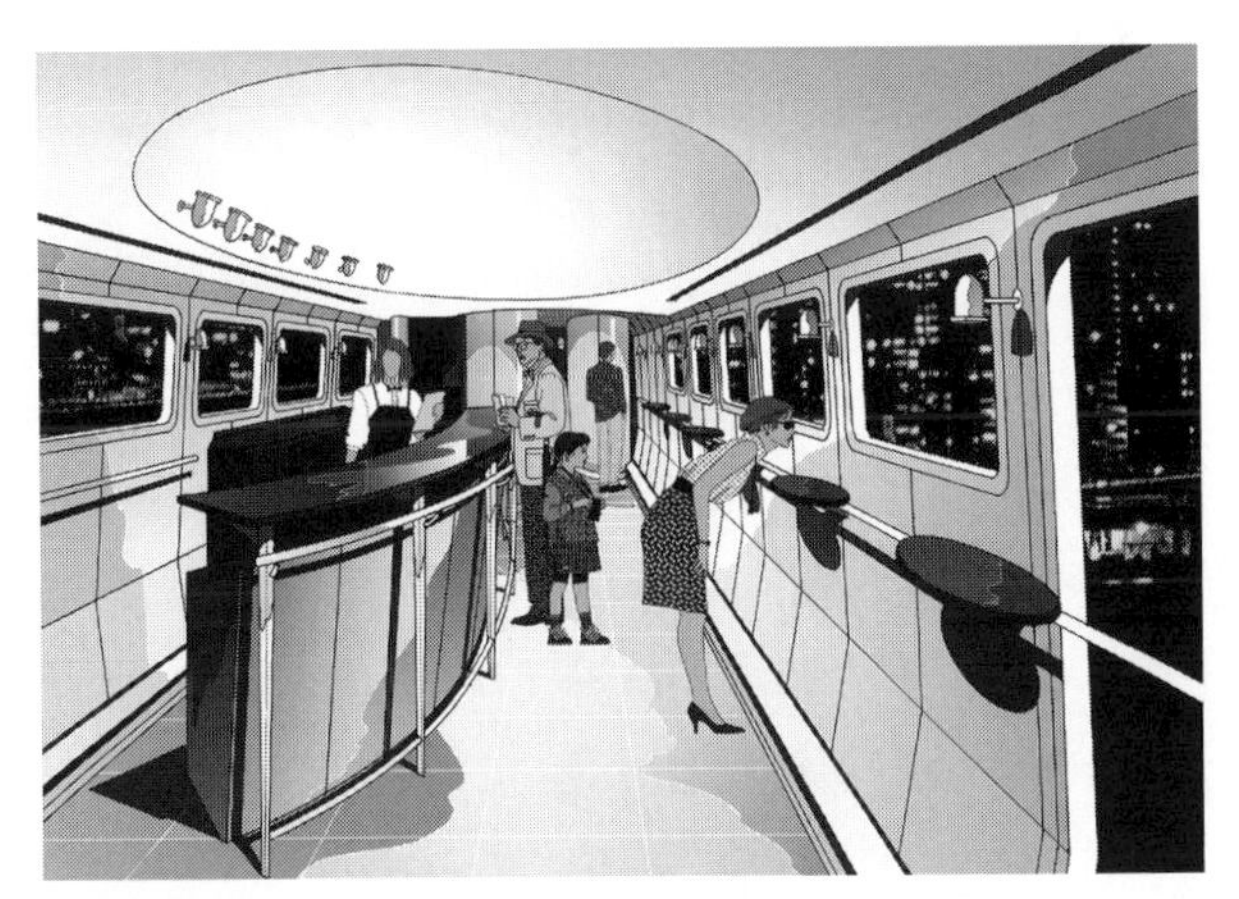

旅人が集うビュッフェ

グリーン車のトップキャビン

た。しかし、食堂車をつくるにはコスト面や衛生面を含めたありとあらゆる問題があり、結局は断念せざるを得ませんでした。それではせめてビュッフェを、とねばったのですが、ただでさえ座席数が減少し、ビュッフェに何人かのスタッフを常駐させれば当時一億円の赤字が出てしまうというのがJR九州の採算予測だったのです。

それでも、私は座席数よりも人と人がコミュニケーションできる空間をお客様に提供したい、そのための「へそ」部分がこのビュッフェだと説得を続けました。

その結果、アルミ素材を電解着色で美しく染め上げた壁に天然木でつくられたテーブルを配し、間接照明を導入したダウンライトが灯る温かみのある空間が誕生しました。

そのような赤字覚悟でもお客様に心地良いホテルのような鉄道の旅を提供するというJR九州の決断は多くのお客様に愛されることとなり、結果的にJR九州の利用客が増えることになったのです。

７８７系特急「つばめ」を愛してくれた多くのファンは、このビュッフェのファンでもあったのです。

どのような旅を演出するかにこだわる

７８７系特急「つばめ」は、私を鉄道デザイナーとして少し認知させてくれた車両といえます。

日本の鉄道文化というのは、明治を迎えてからがはじまりといわれています。世界的に見れば、産業革命が鉄道黎明期となったわけです。この長い歴史のなかではすばらしい車両が多く登場していますが、当時の私は車両デザインに関しては素人同然でした。そこで、自分が若いときに世界を旅しながら乗ったあらゆる鉄道や車両の資料を参考にしながら自分のなかにアイデアを蓄積していき、デザインを進めていきました。

ところが、最初はいろいろな形の図面を描き起こして提案したのですが、まだまだ未熟なデザインだったので、なかなか採用してもらえずにいました。

さらにいえば、このときはまだＪＲ九州との信頼関係も、しっかりと構築されていませんでしたし、私自身も「何か特別なものをつくってみせるぞ」という気持ちがあったものの、まさに気持ちだけが先走っていた状態でした。当時、大きい窓を多く使ったデザインを提案すると、メーカーから「こんなデザインは構造的にもたない」などと言われました。

現在ではこのときの車両デザインでつくることは技術的に可能なのですが、当時は

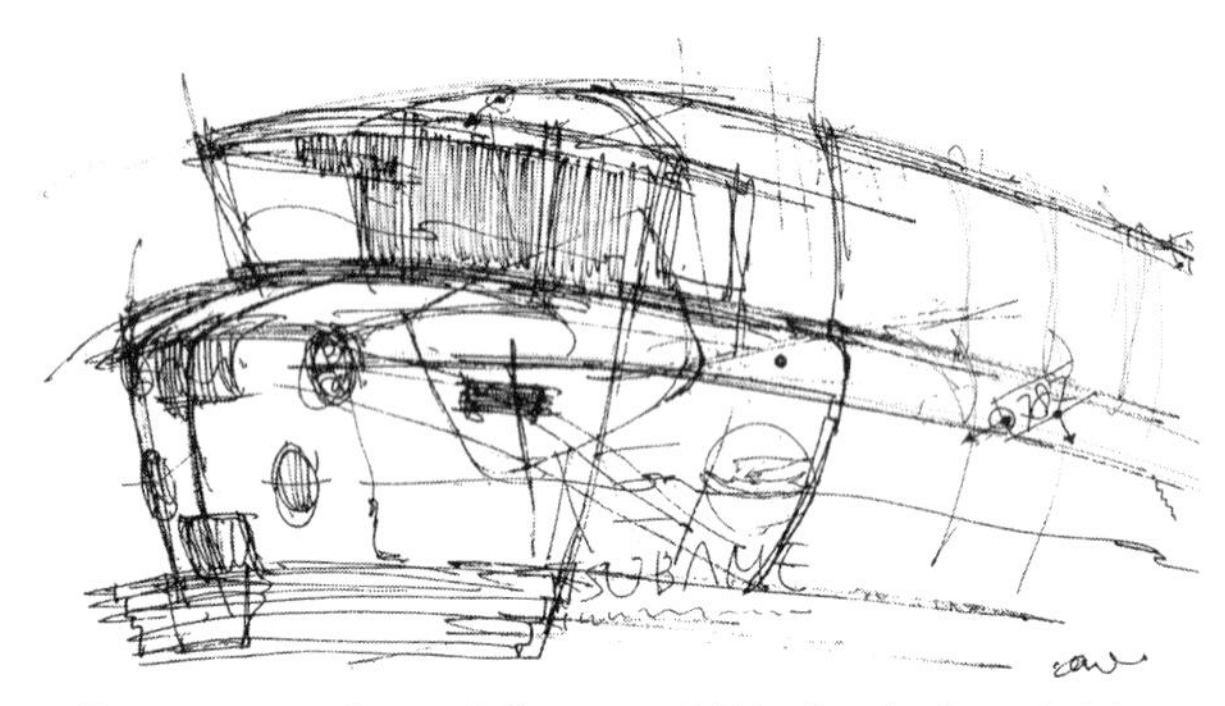

お蔵入りとなった初めの段階の787系特急「つばめ」のデザイン

試行錯誤のすえに決定された787系特急「つばめ」のデザイン

まさに、「あったらいいな」という、コンセプトを無視したデザインになってしまっていたことに気づいたのです。

確かに、プロからも素人からも文句のでない車両のデザインは大切ですが、形や色以上にこの車両がどのような旅を演出していくことができるのかを考えることのほうが重要なポイントだったのです。

そこで考えたのが、鉄道だからこそできる喜びと心地良さとは何なのか。見知らぬ人同士が交わり、九州の観光について語り合い、客室乗務員のつばめレディたちが笑顔でお客様を迎える、まさにホテル級のサービス。それが、ビュッフェでした。

列車というかぎられた空間、さらには多くの制約があるなかで、多くの職人たちはこの初めての挑戦に果敢に挑んだのです。

難しい三次元曲面のドーム型天井は板金職人たちがその手でたたき出した、文字どおりのモノコック構造です。また、このビュッフェだけのためにつくったテーブルやランプもすべて特注の逸品であり、洗練と優しさが共存した公共空間になりました。

８８３系特急「ソニック」

ハイテクを駆使した
ワンダーランド・エクスプレス

九州旅客鉄道　日豊本線（1995年４月）
ブルネル賞、ブルーリボン賞、グッドデザイン賞 受賞

コンセプトは「ワンダーランド・エクスプレス」

787系特急「つばめ」が多くの人に認められ、評価されたことによって、今度は博多から大分（おおいた）を結ぶ883系特急「ソニック」を手掛けることになります。

この「ソニック」というネーミングは「音速」を意味しているのですが、JR九州はこの沿線の活性化を求めて、さらなる未知のスピード感溢（あふ）れる特急を要求してきました。

その要求とは「ワンダーランド・エクスプレス」というコンセプト。そのコンセプトのとおり、内観も外観も未だかつて見たこともない「不思議な国」のような車両に乗って、お客様がワクワク感を持って楽しい旅に出るというのが、この車両のD&Sです。

そして、車両デザインの特徴としては、ワンダーランド・エクスプレスの名に恥じない遊び心をちりばめた豊かな色づかいにあります。

先頭はまばゆいブルーメタリックを基調色とし、デザインの構想はイタリアの工業デザイナーのマルチェロ・ガンディーニのトラックからヒントを得ました。そして、キャビンに一歩入ると、どこか知らない不思議な国の広場にまぎれこんだような世界

グループで楽しめる普通車センターブース

鉄道好きにはたまらないコックピット

に引き込まれます。まずはじめに、まるで動物たちが出迎えてくれるような座席に心が弾みます。それというのも、原色を基調にしながらヘッドレストを動物の耳をイメージしたものにしてあるからです。もちろん、この椅子は色やカタチだけではありません。エルゴノミクス（人間工学）に基づく設計によって、長旅でも疲れにくいこだわりの椅子です。

そして、もうひとつのこだわりが「パノラマキャビン」といわれる鉄道好きにはたまらない場所です。「ソニック」に乗るとパイロット気分を疑似体験できるのです。最もエキサイティングな場所は一号車先端のキャビンで、コックピットと前方の景色を一人占めすることができます。

デザインにも大きなこだわりがあり、弧を描く木製のベンチシートに腰掛ければ、さらなる不思議な国への扉が開かれます。

この「ソニック」を手掛けたことで、これまでの列車の概念を大きく覆すことができました。それは何かというと、楽しさに満ち溢れた新しいスタイルによって、鉄道の旅に大きな夢を持たせることができたということです。

「愛嬌ある遊び心」を取り入れる

まさに、「ソニック」がきっかけとなり九州における「大鉄道時代」が到来したわけですが、「なぜ、ソニックの先頭にブルーメタリックを使ったのですか？」と訊かれることがよくあります。これは実は、当時のヨーロッパで自動車に使われていた流行色だったのです。

私はデザインの現場において、他の分野のものの色や形を参考にすることがあるのですが、ここで重要なポイントは「そのまま真似をする」ということではありません。そこには何らかの個性がなければなりません。それを実践するように、「ソニック」の外観前面には5つのカラーバリエーションを採用したり、列車が走るうえでは必要のないバックミラーを取りつけたり、F1カーのように空気抵抗を少なくするためにBMWから着想を得た「風穴」をつけたりといった、ちょっとした「愛嬌ある遊び心」を取り入れています。それは子どもたちに「ワクワク感」を与え、少しでも喜んでもらえればということが目的です。機能的には必要ないものがたくさん取り付けてありますが、こうした「遊び心」が楽しい旅を演出するのです。

「ソニック」は小倉を過ぎて日豊本線に入ると、左手には海岸線、右手には平野が広がる景色を眺めながら、列車はぐんぐんとスピードを上げていきます。

この路線は、カーブが多いなかで、いかにスピードを落とさずに列車を走らせることができるかという課題がありました。そこで、「ソニック」には「振り子式」が採用されることになりました。最高時速一三〇キロで走る「ソニック」がカーブに差しかかると、この振り子装置が作動し、遠心力による振り子の機能に加えて、空気圧シリンダーの力で車体の振れ角を制御します。そのように列車を内側に傾けることで速度を落とさずに駆け抜けることができるわけです。ぜひ、「ソニック」に乗った際には、カーブで傾く車両を体感していただきたいと思います。

制御振り子方式を採用

72系気動車特急「ゆふいんの森三世」

森の風が流れる
憧(あこが)れのリゾート特急

九州旅客鉄道　久大本線（1999年３月）
グッドデザイン賞、JIDインテリアスペース部門賞 受賞

別荘のような特急列車

九州の玄関口である博多から、その名を全国に轟かせている温泉リゾート地の由布院までの旅を彩る72系気動車特急「ゆふいんの森三世」。

リゾート・エクスプレスという発想を徹底し、７８７系特急「つばめ」がホテルのような列車であれば、「ゆふいんの森」はいわば別荘のような特急に仕上げていくというのが、この車両のD&Sです。

そのグリーンメタリックのボディと「顔」の表情、そしてユニークなネーミングもまた、71系「ゆふいんの森一世」から引き継いだものです。国鉄民営化の翌々年にヨーロピアンテイストの観光特急が話題となったのですが、それがこの前身となる71系「ゆふいんの森一世」で、プロデュースしたのは後のJR九州の社長唐池氏でした。

私は、大ヒットした一世をいかに踏襲して、この三世をつくるかを思案し、私なりのアレンジを加えていきました。

多くのお客様に、「ゆふいんの森」で由布院に行くということをひとつの憧れとして抱いていただくために、温泉リゾート地としてつねに高い人気を誇る由布院に負けず劣らずの車両をデザインする必要がありました。

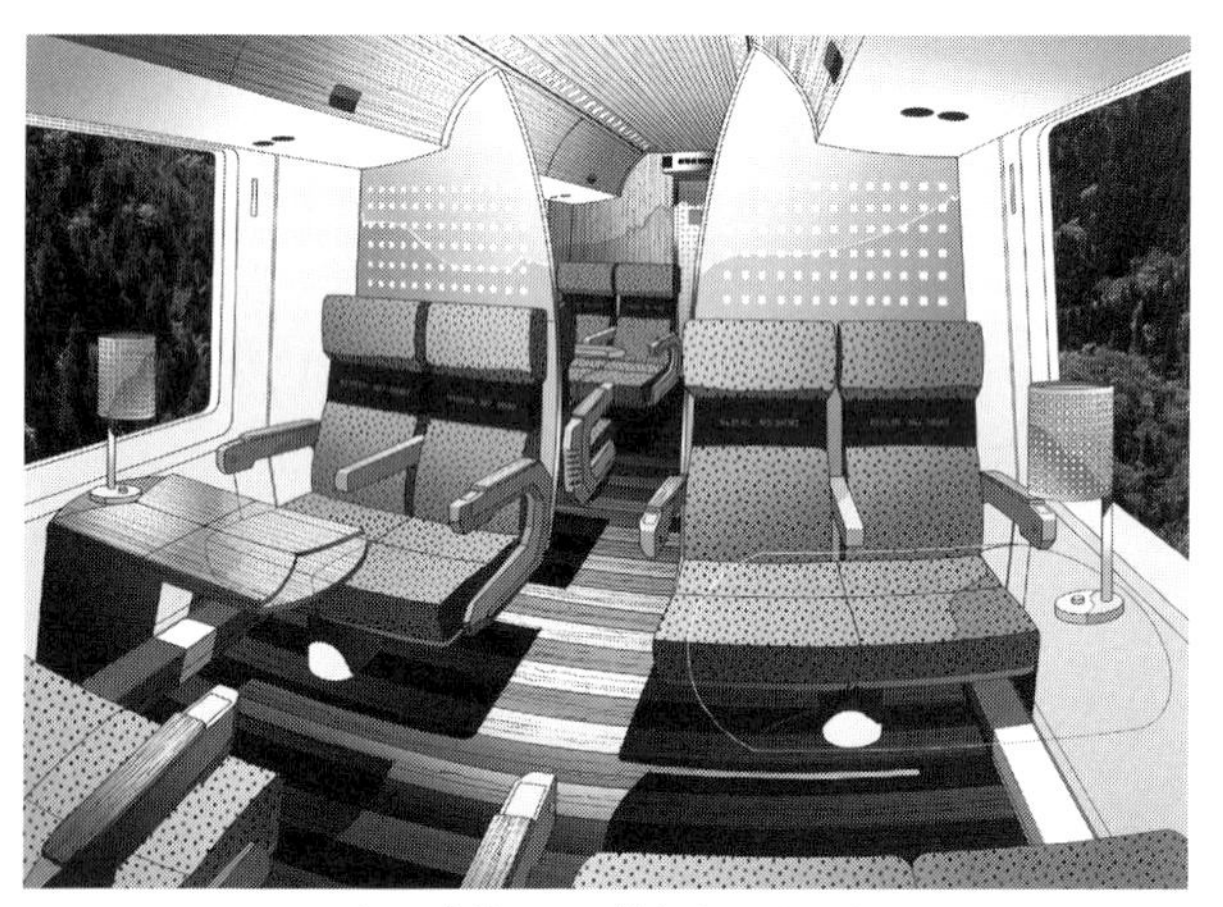

カーブガラスで仕切られたセミコンパートメント

曲線を描くカウンター式のビュッフェ

椅子はリゾート・エクスプレスにふさわしい、ゆったりとした空間を演出し、テーブルはグループ旅行に便利な大型のものをレイアウトしています。

また、曲線を描くカウンター式のビュッフェは長旅がより快適なものになるように対面する窓を足もとまで広げ、開放感を演出しました。このことにより、風景を楽しみながらゆったりとした気分で飲食できる最適なデザインになっています。

この「ゆふいんの森」は筑後平野を南下し、久留米を過ぎたあたりから列車は東へと進路を変えると、深い緑の山々へと進んでいきます。その高い位置から眺める車窓には、九州ならではの多様な木々が映りこみ、水縄連山や伐株山の美しさが楽しめます。さらには、美しい清流や滝を通過するときには減速して、それらの説明を車内アナウンスで丁寧に行うサービスもあります。

そして、終着駅となる由布院駅に降り立つと、木と竹に包まれた天然温泉の足湯を楽しみながら、ひとまず旅の疲れを癒していただけるようになっています。

高い床構造で飽きのこない風景を演出

この「ゆふいんの森」の大きな特徴は、「ハイデッカー構造」と呼ばれる床の高い構造により、高い位置に設けられた車窓からの景色です。これは他の車両にはない角度から外の景色を見渡すことができるようになっています。その飽きのこない風景は、旅人たちの心を一層とらえることにひと役買っています。

ハイデッカー構造の連絡通路では「これは難しいだろう」という現場判断があったのですが、私が原寸模型をつくることで、実現に至ることができました。

このような新しいものを生み出そうとするときには、常に大きな壁が立ちはだかるものです。最良の眺望を得るために大きな課題として挙がったのが、出入口とハイデッカー構造による客室との高低差です。旧型の「ゆふいんの森一世」では、この高低差に階段を設けただけでしたので、人の行き来も大変でした。

そこで、車両と車両の連結部分に連結ブリッジを設け、階段をデザインすることでその課題をクリアし、単調になりがちな車両空間にユーモアのある美しい空間が完成したのです。さらにはこの新しい発想によって、車内サービスで使用するサービスワゴンや車椅子の行き来もスムーズになりました。

ハイデッカー車の問題を解決した連結ブリッジ

乗降口とハイデッカーの高い客室床面との高低差を
解決するために連結部に橋を架けた

８８５系特急「かもめ」（白いかもめ）

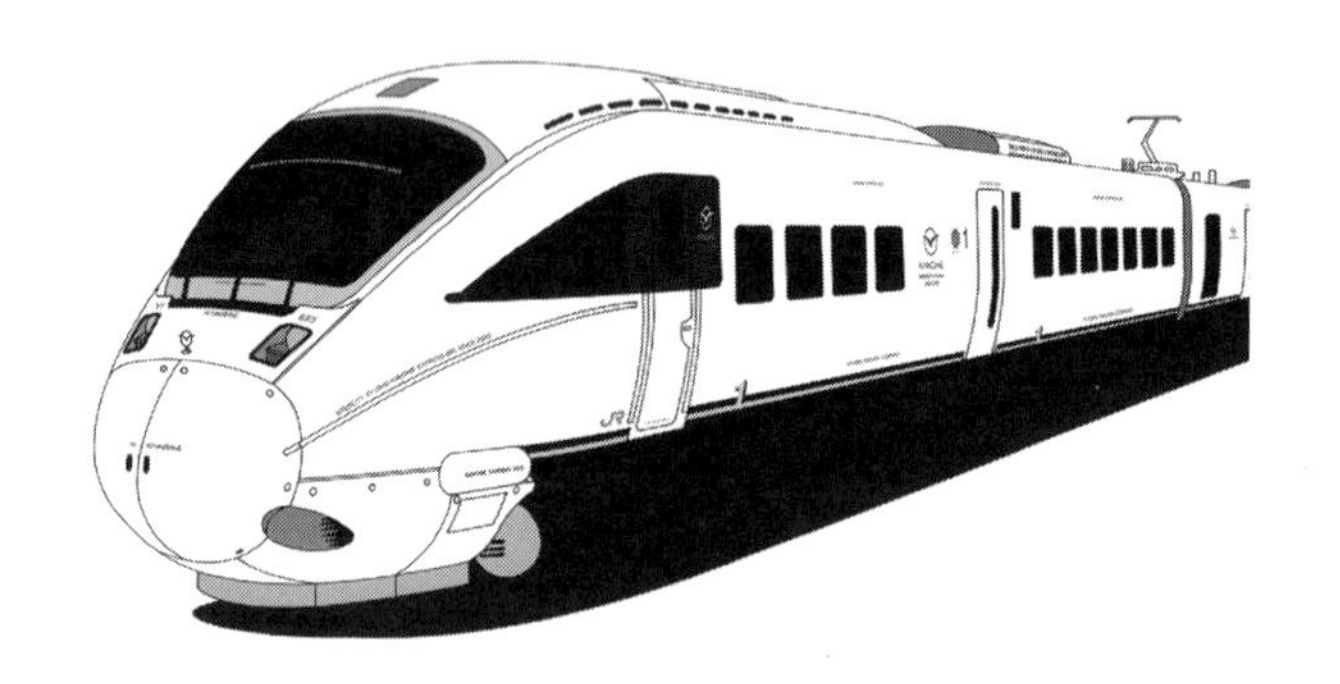

三次元の丸型形状
ミレニアム・エクスプレス

九州旅客鉄道　鹿児島本線・長崎本線（2000年３月）
ブルネル賞、ブルーリボン賞、グッドデザイン賞、
照明普及賞優秀施設賞 受賞

短い距離でも楽しさや快適さを追求する

車両のデザインというものは、走行距離や所要時間が短くなればなるほど、どうしてもシンプルになっていきます。いくらアイデアを盛り込もうとしても、「効率優先型」のデザインになってしまうというジレンマがあります。その最たる例が、通勤電車です。

885系特急「かもめ」は、博多と長崎を二時間で結んでいます。途中に鳥栖(とす)、佐賀、諫早(いさはや)などに停車するこの特急は通勤電車としても利用されています。そこで、多くの通勤客を乗せる特急として、効率だけではない鉄道の楽しさや快適さをいかに追求できるのかということをこの車両のD&Sにしました。

車両デザインのコンセプトにおいて、まばゆい白のボディに包まれながら、佐賀平野を駆け抜ける885系特急「かもめ」は「白いかもめ」という愛称を授かり、博多―長崎間を快適な「旅」にするために、リビングのような車内演出と新鮮な驚きを与えました。

大切なお客様をもてなすために、自然で心地良く感じる木材を壁や床に使用した「もてなしのデッキスペース」には応接スタイルを取り入れています。

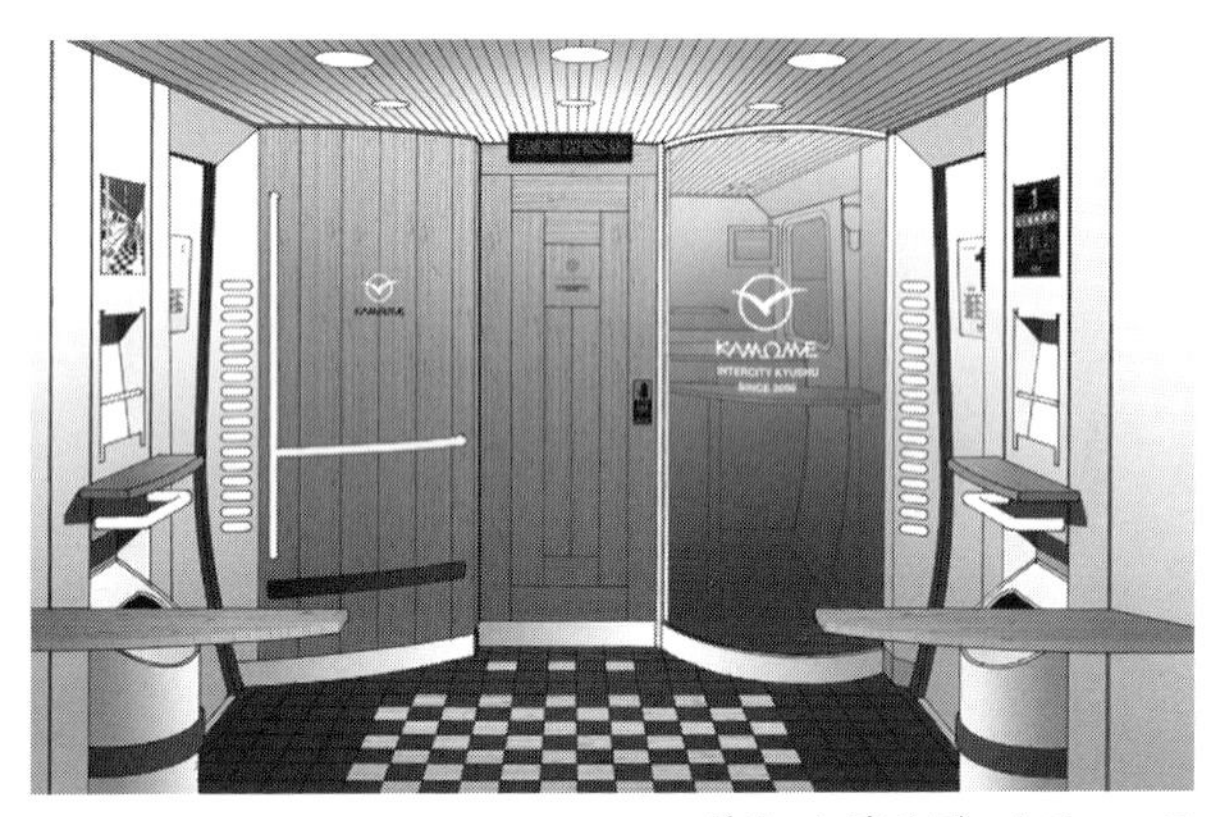

グリーン車のデッキスペース

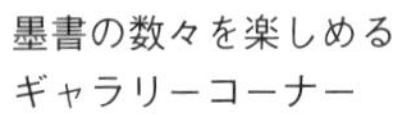
墨書の数々を楽しめる
ギャラリーコーナー

モダンで豊かな旅を演出するグリーン車

エグゼクティブチェアと称するにふさわしい本革シートと天然木のテーブル

さらに、この応接スタイルを演出しているのが墨書を楽しむことができるギャラリースペースです。列車に乗り込んだ瞬間に旅情をかき立てる墨書のテーマは、島原の子守歌や名産、祭り、歴史的な言葉などです。豪快でいて趣きのある書で定評のある四宮佑次氏の作品が車内にギャラリーをつくり出したのです。

また、まるでリビングにいるような心地良さを演出する最たるこだわりが、全席に採用した本革張りの座席シートです。ドイツの高級椅子メーカーから着想を得たこの椅子は、欧米並みにくつろげる広さで、まさにエグゼクティブシートと称するに値する上質感があります。素材コストを抑える工夫のため、多少不揃いがあるものを使用しながらも、初めて乗った人であれば、グリーン車でもないのに上質な本革シートや肘掛けやテーブルに誰もが目を奪われることでしょう。そのゆったり感が通勤客だけではなく、旅人をも満足させてくれるはずです。

また、機能美としては飛行機と同等以上のレベルをめざしたハットラック（荷物棚）を採用することで、すっきりと美しい広々した車内になっています。

あえてタブー色の純白にこだわる

特急「かもめ」は、特急「つばめ」や特急「ソニック」と大きく変わったことがあります。特急「つばめ」のボディは鉄製、特急「ソニック」のボディはステンレス製です。この特急「かもめ」ではアルミ製のボディを使うようになり、「ダブルスキン構造」という最先端技術を駆使した車両デザインがこの列車からはじまることになったのです。

これまでは私がいくらきれいな曲線を描いても、技術的にそれをカタチにすることは不可能でしたが、これまで美しく仕上げることができなかった三次元の丸みを帯びた形状が「CNC」と呼ばれるコンピューターを用いた数値制御工作機械による加工技術の向上により可能になったのです。

ここから世界の一流にも負けないデザインが生まれていくことになり、これまで圧倒的に男性から支持されていた車両デザインが女性にも喜んでいただける美しい曲線のデザインへと進化していったのです。

このような純白の車体に高級感のある革張りシートが目を引いた特急「かもめ」の登場は二〇〇〇年ですが、当時は「オンリーワンの衝撃」が世間にもあったようです。

特急「かもめ」の基調色の「白」ですが、実はこの白は国鉄時代からタブー色とされてきました。なぜなら、蒸気機関車が走っていた時代は石炭の「すす」で車体が黒く汚れてしまうため、車両デザインで明るい色合いが用いられることがなかったから

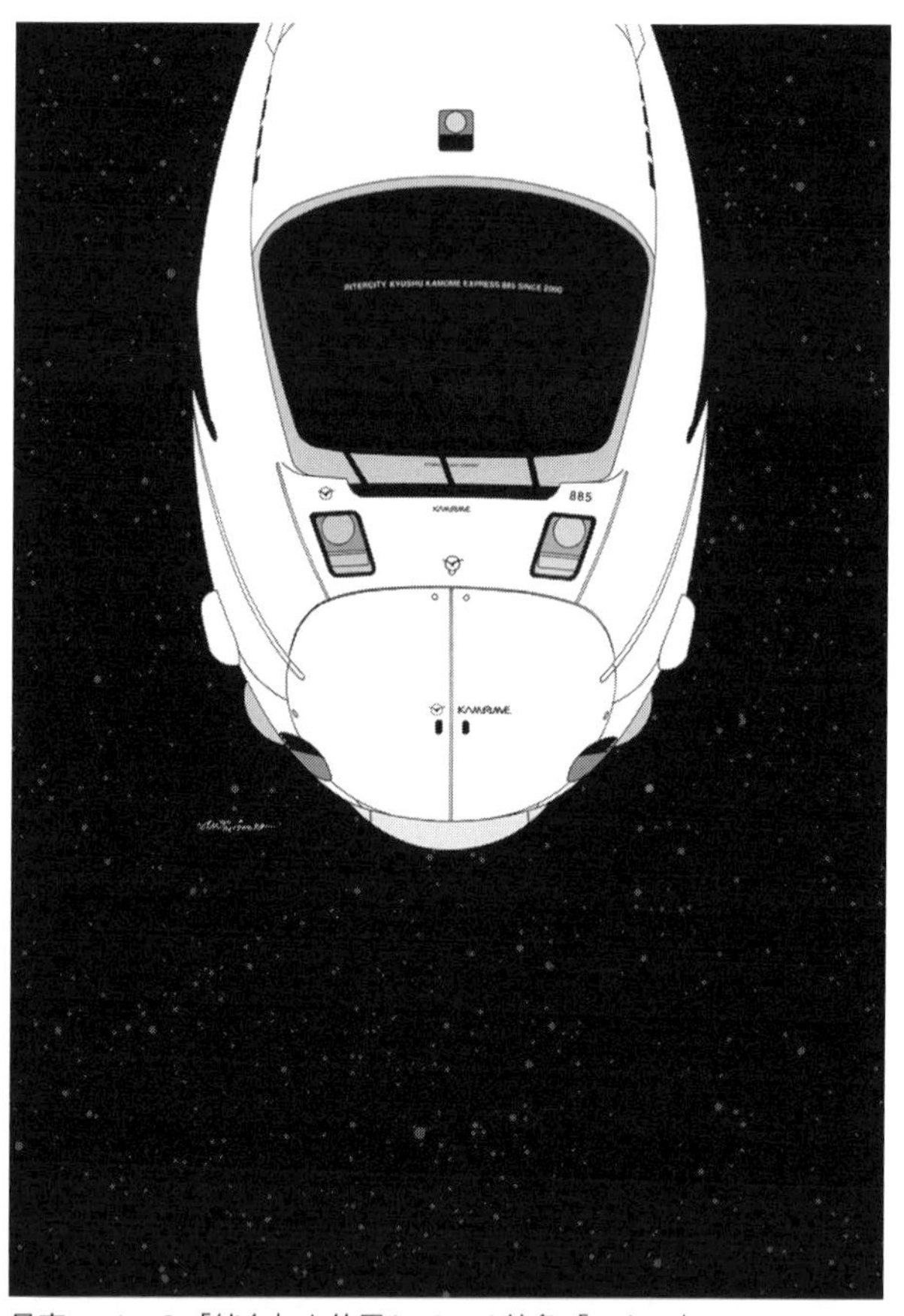

最高レベルの「純白」を使用している特急「かもめ」

です。その影響があってJRでは長い間「白」を使うことを極端に嫌っていたのです。しかし、私は未だかつて無い車両ということで、あえてこのタブーに挑戦し、JR九州で、ある一定の評価を得るための手段として、この「色」を追求することで賛同を得たのです。

この特急「かもめ」にはセラミック系ハイブリッド塗料の「N9・5レベル」という、塗料のなかでも最高レベルの「純白」を採用しています。一般の新幹線0系や100系はN8・5〜9・0ですから、その純白さは際立っています。確かにこのメンテナンスは大変で、通常の車体であれば二日に一度洗浄をすればいいところを特急「かもめ」は毎日洗浄しなければなりません。

しかし、この手間暇のかかる重要なメンテナンスをしっかりやっていくことによって、JR九州は強靱（きょうじん）な体力をつけることになったのだと思うのです。そして、こうした他よりも手をかける経営がお客様に愛され、そして業績アップの源になっていると思うのです。

８００系新幹線「つばめ」

日本伝統の匠の技を活かした和の新幹線

九州旅客鉄道　九州新幹線（2004年３月）
ローレル賞、グッドデザイン賞、
JIDAデザインミュージアムセレクション 受賞

最速の超特急にだけ許された愛称

８００系新幹線「つばめ」に継承される「燕」の名前は、昭和初期にはじまった特急の歴史を背負っています。

列車の愛称を公募することは、昭和四年にはじまったのですが、東京から下関を結ぶ特急列車「富士」と「櫻」がその第一号でした。その公募で惜しくも二位になりながらも温存されていたのが「燕」だったのです。そして、その名は翌年に開業した東京―神戸を結ぶ特急列車に採用されます。伝説の超特急「つばめ」の命名の誕生秘話です。

初代「燕」のテールマークには、俊敏の証である二羽のツバメがあしらわれ、当時の人々は正装して憧れの超特急に乗り込んだそうです。このとき、「つばめ」という名称は最速の超特急だけに許された愛称となります。

第二次世界大戦の影響によって、昭和一八年に「燕」は一度は姿を消すものの、戦後の復興の証として、昭和二五年に二代目「つばめ」が復活し、そのヘッドマークには一羽のツバメが描かれました。そして昭和三一年には東海道線の全線電化にともない三代目が誕生します。ボディはライトグリーンに変更され、「青大将」という愛称

初代「燕」のロゴマーク

二代目「つばめ」の
ロゴマーク

151系「つばめ」のロゴマーク

TSUBAME

JR九州の特急「つばめ」のロゴマーク

九州新幹線「つばめ」のロゴマーク

で親しまれたのですが、昭和三三年からの151系からはヘッドマークには「つばめ」の文字だけが残り、スワローマークは姿を消したのです。

その後、JRの民営化から五年経った一九九二年、特急「つばめ」は九州の地でよみがえりました。

さらには、二〇〇四年に九州新幹線「つばめ」として発展し、初代「燕」のイメージと、和の伝統を重んじた筆文字、そして未来的な広がりを感じさせる英字を組み合わせたロゴマークで親近感を表現しています。

これまでにないオンリーワンの新幹線

私は当初、九州新幹線ではない列車のデザインで九州を元気にしようと考えていました。なぜなら、JRでは特急のプロジェクトチームと新幹線のプロジェクトチームは別々に存在しているので、新幹線のデザインは私の範疇ではないと勝手な思い込みをしていたからです。そう考えていたところに、「世界区」とも呼べる日本の新幹線のデザインを任されることになったのです。

このとき、九州の人たちの期待は私が考えていた以上に大きいものでした。そこで私は図面を描くというよりはみんなの気持ちをまとめるためのコピーなり言葉なりが、つまりコンセプトが必要だと感じたのです。
　コンセプトという言葉にはいろいろな意味があるわけですが、私のいうコンセプトとは「志」のことであり、何を志にするのかということに焦点をあてて、既に第２章でも記しましたが次のように表現しました。

「九州新幹線『つばめ』は九州の文化と経済と人を結び、豊かなコミュニケーションが生まれる公共の道具であり、利用する人にとっても運用する人にとっても無理のない使いやすい公共装置としてハード、ソフトの両面でデザインを進めること。さらには、九州新幹線『つばめ』は普遍性と機能美を追究すると同時に、日本であり、九州という地域のアイデンティティを洗練された形で表現すること。そのためには先端技術から生まれた素材や工法、それに伝統的な素材と職人の技を組み合わせてコンテンポラリーに使いこなせるような公共デザインの充実に努めること」

　その背景にあったのは、「これまでにないオンリーワンの新幹線」です。そのためには利用者が心地良くなければいけませんし、今までに味わったことのない豊かさや贅沢(ぜいたく)さを提供しなければいけません。それを提供するためには夢と情熱が必要不可欠でした。その実現をカタチにしたのが「和」の新幹線というD&Sです。

外観は純白のボディに赤と金のストライプが特徴で、日本の旗をイメージしたものです。コックピットの周りには黒、車両の天井部分には古代漆色のルーフラインがあしらわれているのですが、これは架線から落ちる錆を目立たせないためでもあります。乗降デッキには渋めの色調と控えめな照明で日本の旧家をイメージし、ほの暗さの先に最上級のもてなしを演出しています。

客室前後にある仕切り壁は熊本のクスノキでつくられたもので、殺菌・殺虫効果があり、その丈夫さから船材に使用されることも少なくありません。

車窓にかかる簾のようなブラインドは薩摩、日向、肥後の山の倒木であった山桜材を使用し、トンネルの多いこの路線での目に激しいコントラストを押さえながらも、目線部分の感覚を変える工夫をすることで車窓風景をかすかに楽しめるようにデザインされています。

さらには、この８００系新幹線「つばめ」の始発駅がある八代平野は日本有数の藺草の産地でもあり、洗面所の暖簾として採用しました。藺草が持つ湿度調整機能や、耐水・消臭・殺菌作用に着目した新たな発想のデザインであり、地元の自然材料を使ったオリジナリティを実現しました。こうして、健康的で高級感あふれる九州の風土と素材が新幹線に役立てられています。

そして二〇〇四年三月一三日、熊本の新八代駅から鹿児島の鹿児島中央駅を結ぶJR九州初の新幹線「つばめ」が開業しました。わずか四カ月弱で乗客数一〇〇万人を突破し、その流線型ボディは多くの人々に興奮と感動を与えました。

さらには、乗り降りに便利な幅広いドアや車椅子専用座席を設けるといったユニバーサルデザインも取り入れています。このような時代の要求に応えることもまた、デザイナーの仕事です。

すべての人にとって使いやすい車両をデザインすることは容易なことではありません。しかし、できるかぎり多くのお客様に鉄道の旅を満足していただくための工夫を取り入れたつもりです。

これからさらに高齢化が進み、アクティブなシルバー世代のためにも、その動向をいち早く察知し、まさに公共デザインの代表的存在となるべく、私たちデザイナーは次々に手を打っていかなくてはなりません。

新幹線をデザインするということ

特急車両の最高速度は時速一三〇キロほどですから、先頭形状のデザインにはさほ

乗り降りに便利な幅広いドアはユニバーサルデザインを意識している

蘭草のれんのかかる洗面室

ど制約がありませんが、最高速度が特急の倍以上ある時速二七〇キロの新幹線ではそうはいきません。

空力特性を考慮してデザインをしなければ、トンネルの突入時の微気圧波や尻振(しりふ)り現象、さらにはすれ違い時の衝撃など、空力の不備によって走行安定性が損なわれることもあるのです。東海道・山陽新幹線の７００系カモノハシのような形状もまた、膨大な計算と試験データをもとにデザインされています。

このような新しい仕事をする前には、技術者から必ずレクチャーを受け、デザインに必要な知識を学習していきます。この九州新幹線は時間とコストの制約も厳しかったので、先頭形状は日立製作所の山口県・笠戸(かさど)工場でお蔵入りしていた新幹線デザインがもとになっています。

空力特性の実証が済むと、断面係数を変えなければ形を変えられるということで、私たちがつくった輪郭を車両メーカーがコンピューターにインプットしていくという作業が繰り返し行われました。

新幹線というのは流線型の先頭部と四角い客室部を繋(つな)いでできているわけですから、滑らかなラインにしようとすればするほど先頭部分が長くなってしまいます。そこで、つなぎ目に黒を入れることで全体的なフォルムに連続性を出しています。

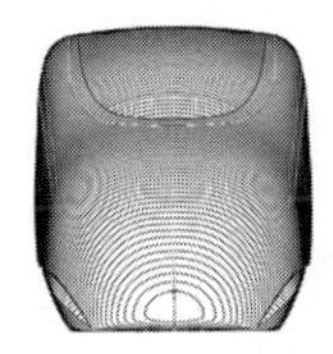
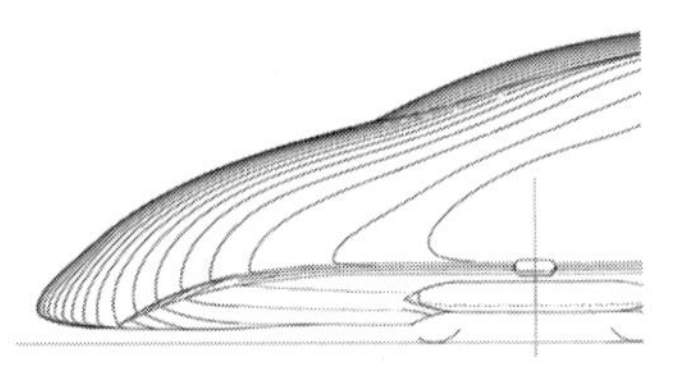

STEP 1：日立製作所の原型

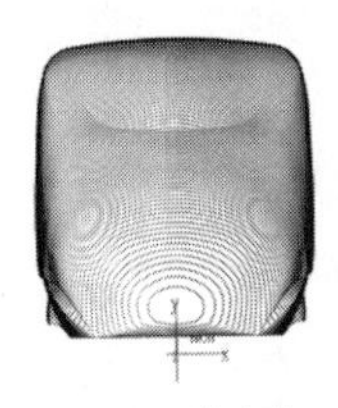
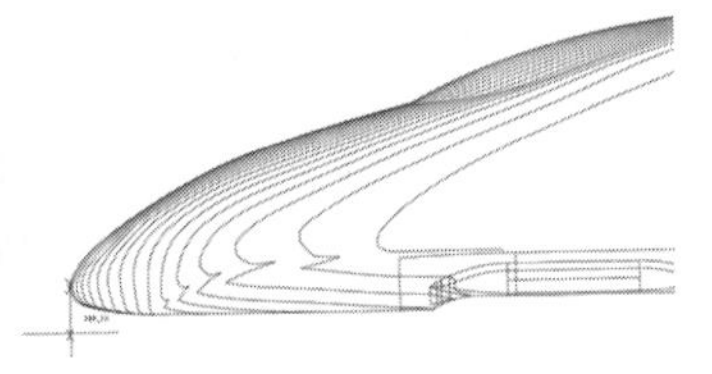

STEP 2：改良案

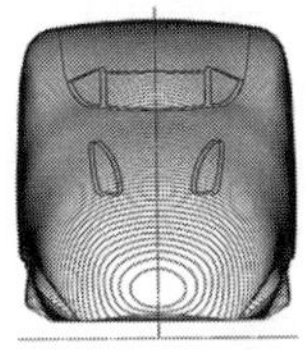
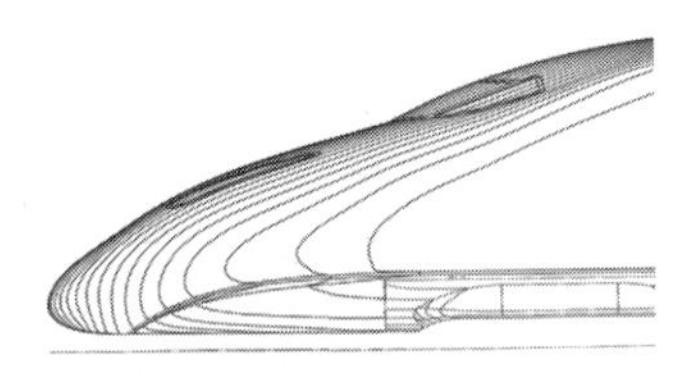

STEP 3：最終案

そこにたどり着くまでには、何度もスケッチを繰り返しながら理想のフォルムを追求していきました。つまり、先端技術が結集した新幹線であっても、デザインの第一歩は人の手からはじまるということです。

そして、先頭部分のフォルムが固まりはじめたとき、もう一歩先に独自の表現がほしくなりました。それは、一目で800系新幹線「つばめ」という印象を与えるインパクトです。それが、従来の車両デザインで主流だった横長の目（ライト）を「縦長」の目にしたことです。しかし、三段形式になった光源メンテナンスの手間などを理由に反対意見も出たのですが、最終的に受け入れてもらいました。

モノづくりの現場では時に意見がぶつかり合うこともありますが、その時に必要なのはお客様にとって何がベストなのかということをゆっくり時間をかけながら対話していくことです。こうしたことを愚直に行うことで、新しいものが生まれていくのです。

美しさは最良のメンテナンス

800系新幹線「つばめ」は六両すべてが普通車で構成された「モノクラス」編成ながらも、全席が2×2の四列シートでゆったりとしたつくりになっています。

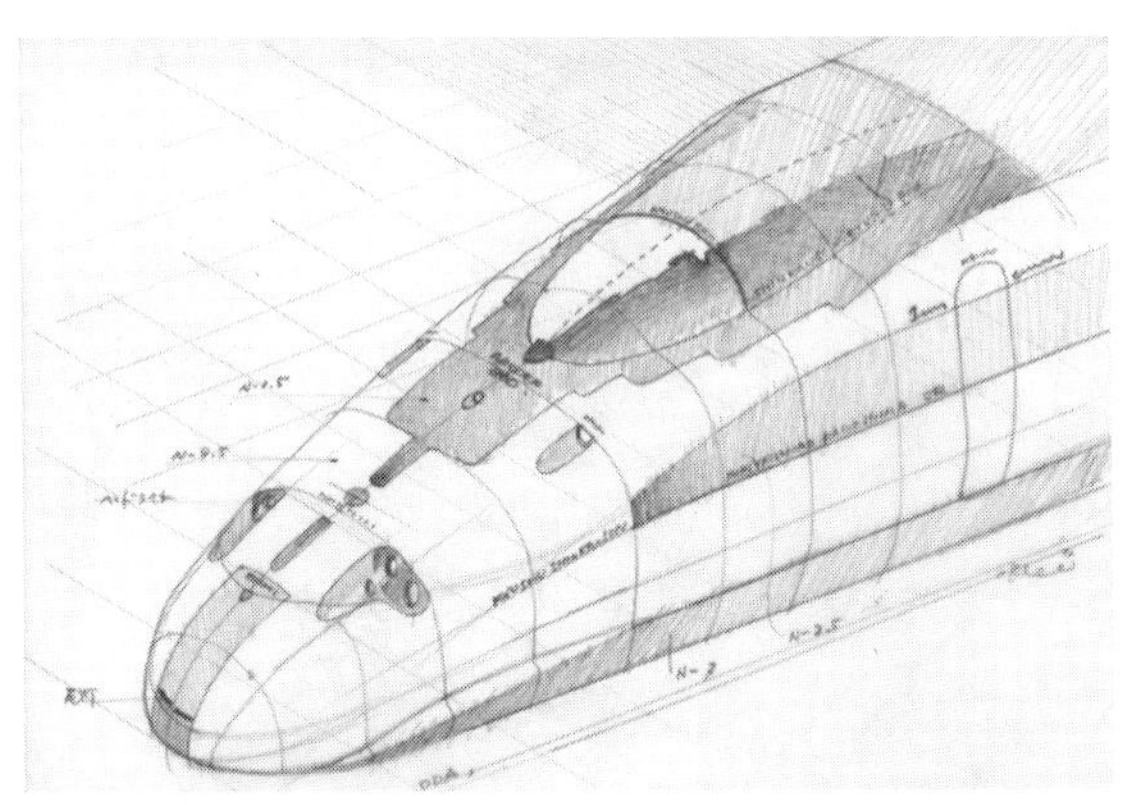

800系新幹線「つばめ」のイメージスケッチ

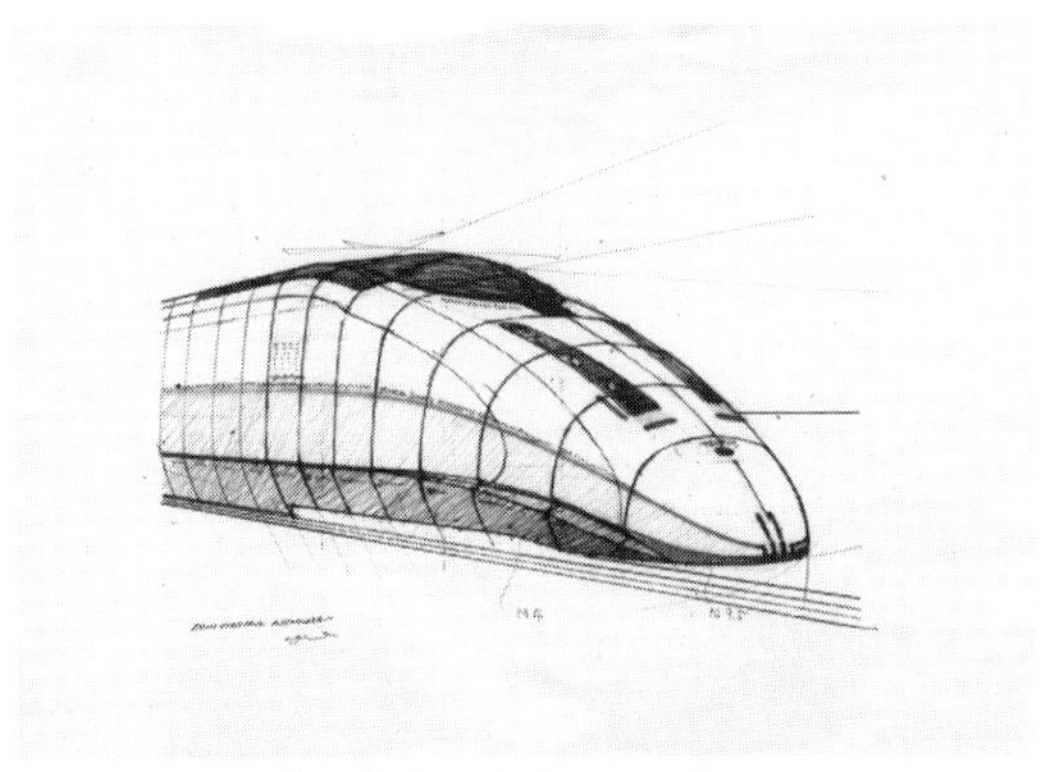

800系新幹線「つばめ」を印象づけた縦目のスケッチ

各号車の座席の色が異なり、乗るたびに違う雰囲気を味わえるような工夫も施していて、布地には唐草模様を織り込んだ西陣織の技術を採用することで、座り心地の良い椅子に仕上げました。

「美しさは最良のメンテナンス」というモットーのもとに新幹線としては初めて天然木の座席が採用されました。当初は木の椅子では壊されてしまうのではないかという声もありましたが、ホテルや劇場、さらにはレストランなど、人が集う場所には昔から木の椅子が使われています。

デザイナーとして重要なのは、「上質な空間を提供し、大事に使ってもらいたいという思いを伝えることにある」と私は考えています。そうすると、それを壊す人はいなくなるのです。

また、背もたれを高くしたスタイルによってプライバシーを適度に守り、旅に安心感を与え、その奥行きの深い座り心地はホテルのラウンジチェアのようなくつろぎをお客様に味わっていただくことができます。そして、シート中央の格納式木製テーブルは、「短い旅にも豊かなひとときを提供したい」というＪＲ九州の方針によって採用されたものです。

ただし、私がこの新幹線のデザインに携わりながら実現できなかったことがありま

ゆったりとしたつくりになっている客室

奥行きの深い座り心地を実現
した木製シート

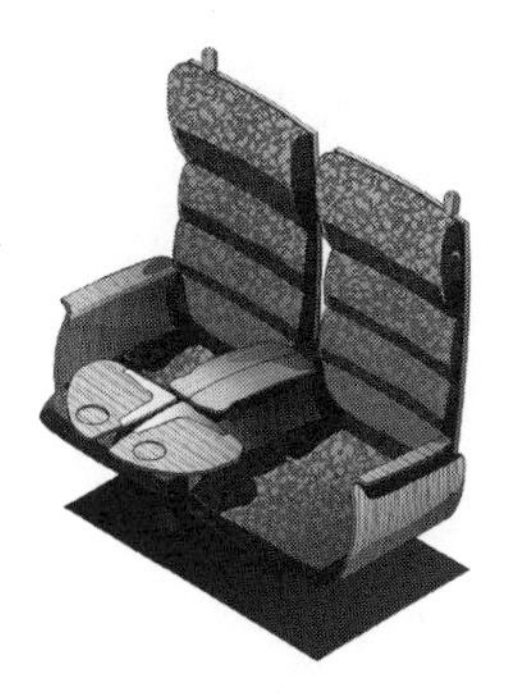

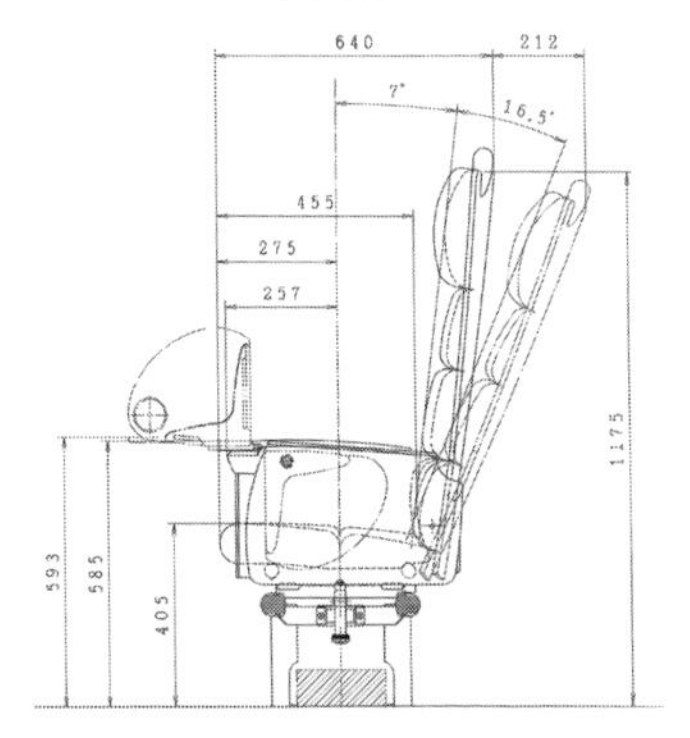

す。それは、床が木の食堂車やビュッフェ、あるいはバーカウンターを設けられなかったことです。私は食いしん坊でもなんでもありませんが、人と人が最もコミュニケーションを図れることは「胃袋の共有」にあると考えています。そのようなことを考えれば、「食」もまた旅を演出する大切な装置でもあるのです。

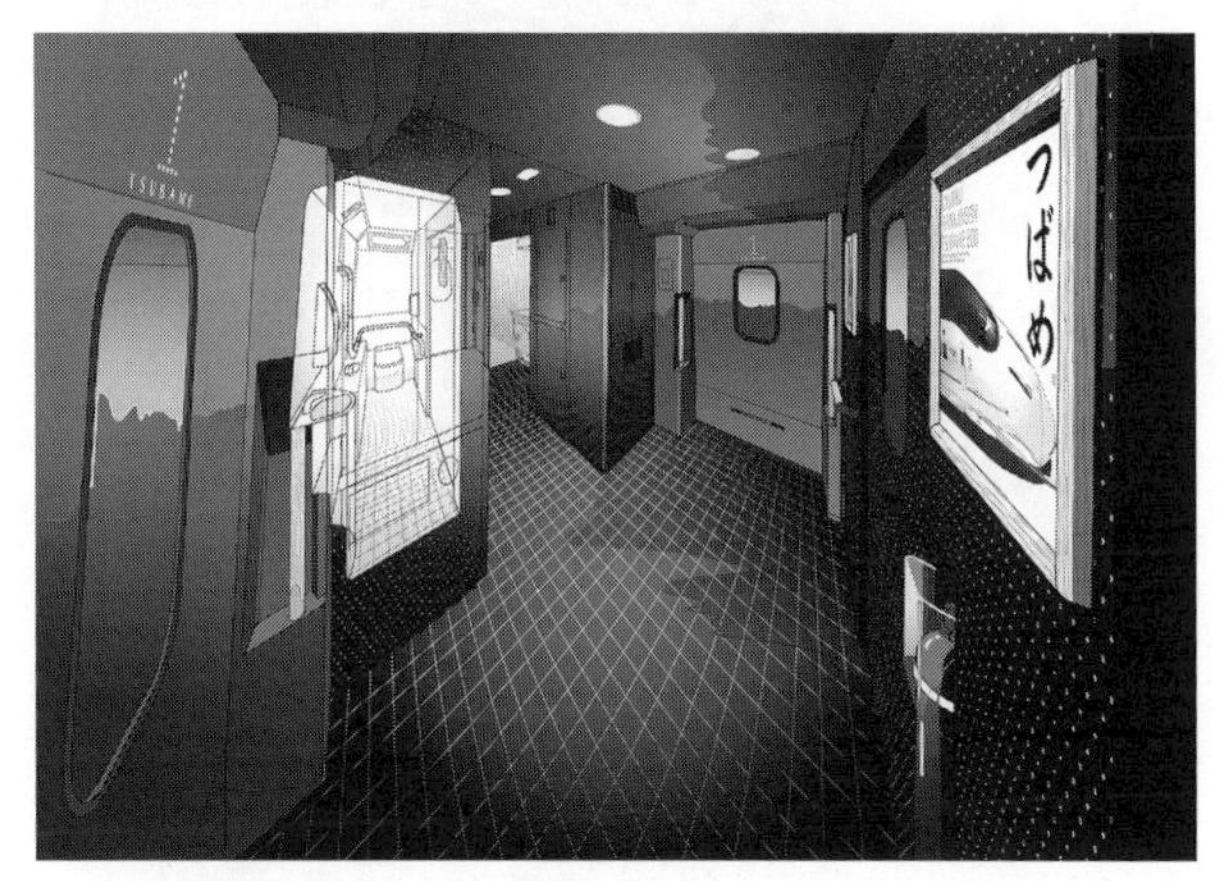

和の伝統を感じることができる広々としたデッキスペース

ななつ星in九州

鉄道デザインの夢・ロマン
クルーズトレイン

九州旅客鉄道（2013年10月）
ブルネル賞 受賞

列車のなかで生活をする旅を実現

私は鉄道デザインを二〇年以上にわたって手掛けてきましたが、クルーズトレイン「ななつ星in九州」は私にとっても、そしてJR九州にとっても感慨深いプロジェクトとなりました。車両製造費も三〇億円という、九州新幹線の車両をつくる以上の大プロジェクトでした。

人々にとって旅が特別なものだとしたら、この列車の旅は「列車のなかで生活をする旅」と表現できるかもしれません。まさに、日本初の陸のクルーズを実現した「クルーズトレイン」という新しい旅のステージです。そこでしか出会えない景色や人々との語らいが生まれ、きっと新たな人生が発見できるはずです。それが「ななつ星in九州」のD&Sです。

これまで日本における寝台列車は「Bクラス」、つまりは標準的な寝台列車が主流でした。それは、鉄道発祥の国であるイギリスをはじめとするヨーロッパの階級社会における貴族たちをもてなすための「Aクラス」のサービスというものが日本にはないからです。

そこで、この「ななつ星in九州」は「Aクラス」の寝台列車、つまりは豪華寝台列

お蔵入りになった車両外観デザイン

採用になった車両外観デザイン

車をつくることで世界に負けない「日本における最高のサービス」を提供することをめざした一大プロジェクトとなりました。

　私たちが体験したこともない最高のサービスをどのようにお客様に提供するのか、未だかつて無い空間をどのようにつくるのかなど、未知の世界への挑戦に対する課題は山積みだったわけですが、自分たちがこれまで蓄積してきた経験をもとに、それらの課題を克服しようと日夜頭を悩ませたのです。どこに「答え」があるかもわからないまま、すべてが手探りの連続でした。そして行き着いた答えが、最高のレストランとホテル機能を列車空間に持ち込むことで、お客様には今までにない新しい列車の旅を楽しんでいただく、というものでした。

　また、外観や内観デザインも、私がこれまで手掛けてきた特急や新幹線とはひと味もふた味も違うあしらいが施されています。

　外観については、最初は全面ガラス張りのデザインを提案しました。しかし、予算的に難しく、あえなくお蔵入りとなってしまったデザインが前ページ上です。

　そこから改良を重ねて前ページ下のようなデザインに仕上がりました。

　内装に至っては、家具やファブリックはその一つ一つが図案を起こしたほどの特注品で、和と洋、新と旧を巧みに融合するというデザインテーマのもと、国内の技術を

１号車にあるラウンジ

ラウンジ「ブルームーン」

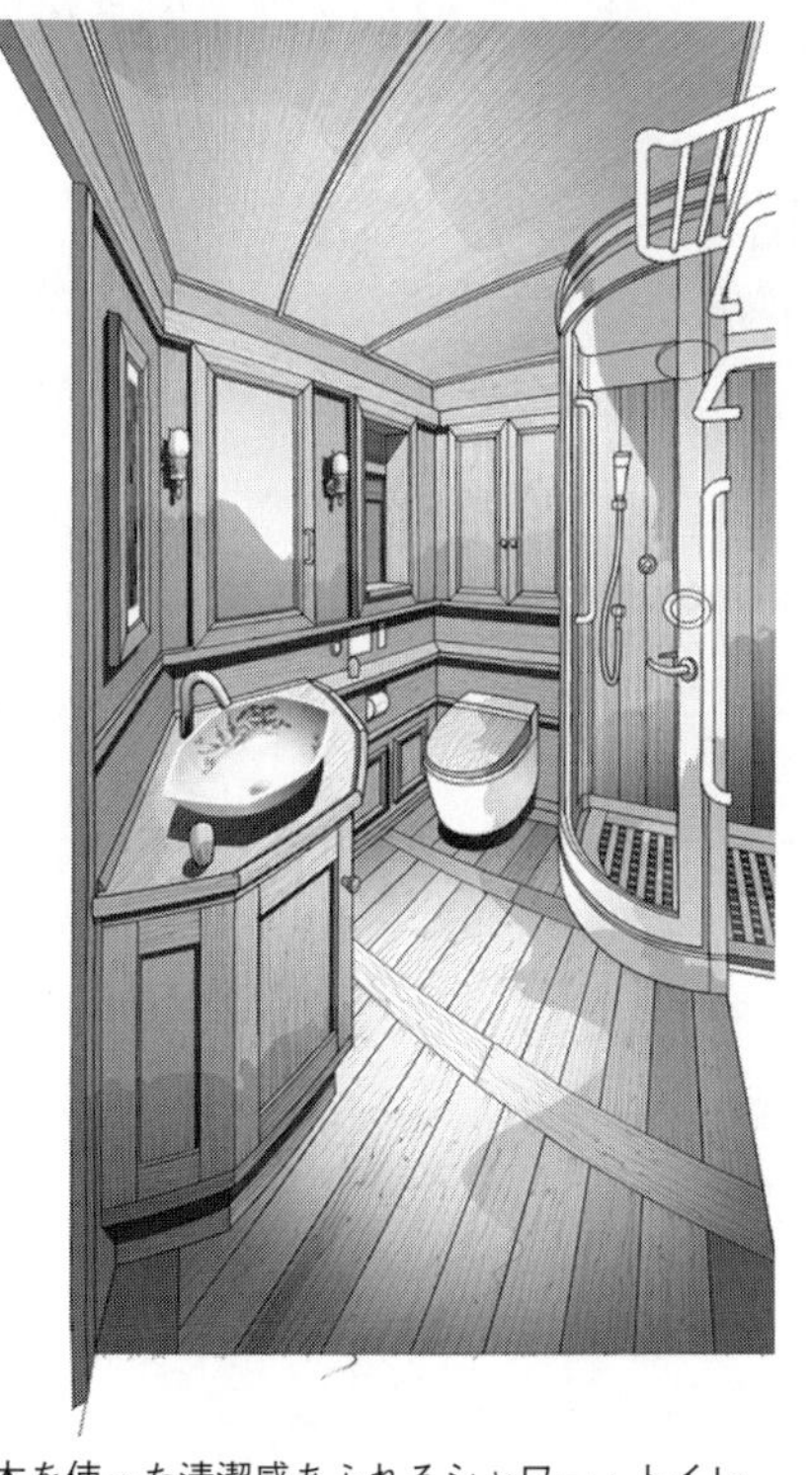

木を使った清潔感あふれるシャワー・トイレ

2号車にあるダイニング「木星」

使い、上質で洗練された、懐かしくて新しい空間をめざしてトータルデザインしました。トータルデザインとは、「目に見えるものすべて」という意味です。それは、車両から家具、装飾品、調度品、さらにはグッズや消耗品など、ありとあらゆるデザインを私が一人で担当することで「トップダウン方式」による一貫性が生み出されました。

　ラウンジカーはバーカウンターを備え、ピアノの生演奏を聴きながらくつろげるソファや回転椅子などを配し、展望用に窓を大きく設えました。

　また、自然に恵まれた九州はまさに食の宝庫であり、ダイニングカーでは流れゆく絶景を堪能しながら一日三食、四季折々の旬の食材を最高のサービスを添えて召し上がっていただくことができます。さらには一〇時のおやつ、昼食後のアフタヌーンティー、そして夜はバーがオープンするラウンジカーで、モダンな雰囲気のなか、お客様同士の交流を演出し、夜食も用意している徹底ぶりです。

一四組のお客様のためだけに贅と美を施す

何といってもこの「ななつ星in九州」最大の特徴はゲストルームにあります。七両編成のうち、一両はラウンジバー、一両はレストラン、残り五両がゲストルームになっているのですが、一四部屋しかないゲストルームはすべてがスイートルームになっていて、一四組三〇名のお客様のためだけに贅と美を施した特別な客室デザインに仕上げました。贅沢に一両を二室にした「デラックススイート」は特別なスイートルームとなっていて、タイプの異なる部屋に共通していえるのは「ゆったりとした空間」です。広々とした空間には和を基調とした家具や調度品を配置し、優雅さを演出しています。

また、高品質のやすらぎと最上級のおもてなしを体感していただくために、各部屋にシャワー・トイレ・空調を完備し、寝台列車ならではの機能性を重視し、快適な眠りとなるように工夫しました。

デラックススイートルーム 701 号室

スイートルーム 403 号室

さらには、最後尾の部屋では一面に施された車窓からの景色を楽しみながら、品格漂う空間が真のリラックスタイムをお客様に提供する、まさに超豪華寝台列車の旅を演出しています。

デザインやハード面にもましてソフト面にこだわる

未知の世界への挑戦と銘打った今回のプロジェクトでは、携わったすべての人たちが、「面白い鉄道の旅がはじまるかもしれない」という心意気で、これまでに製造したことのない豪華寝台列車の作業を日夜続けてきました。それは、まるで小さなホテルを車両のなかにつくるという途方もないたくらみを持った作業です。そこには、当然ながら一般車両よりも重量があるために線路や橋の強度改修している人たちや車両が傷つかないように線路沿いの木々を整備している人たちもいるわけです。

現場で作業を続けたそうした人が「この仕事をすることで自分が変われるかもしれない」という、まさに自分たちの人生を懸(か)けた車両づくりがこの車両におけるオンリーワンのこだわりだと私は考えています。

そのような人たちの努力を決して忘れてはいけませんが、あえてこの「ななつ星 in 九州」のオンリーワンのこだわりを挙げるとするならば、それはデザインやハード面よりもソフトの面にあると私は思います。

豪華に仕上げられた「ななつ星in九州」の車両。そのバトンは車内でお客様のサービスにあたる人に手渡されたわけですが、接客サービスをするスタッフも競争倍率約三〇倍を勝ち抜いた精鋭たちばかりです。なかには東京の一流のホテルやレストランで経験を積んだサービスマンやシェフがそのホテルやレストランを辞めてまで、この列車に夢を追い求めて来ています。

このサービスのプロフェッショナルの一人に、ホテルオークラのコンシェルジュを務めていた女性がいるといえば、求めるサービスレベルの基準が理解してもらえるのではないでしょうか。まさに、天皇陛下が乗られる「お召し列車」にしても遜色（そんしょく）のない豊かさの裏には、多くの人の手間暇がかかっています。

このような「ソフト面」のこだわりというのは、ＪＲ九州だからこそ実現できたと私は思っています。首都圏のように人口が多くない九州の地で、ＪＲ九州は地域とともに発展する鉄道会社をめざすようになり、赤字路線に耐えながらも楽しい列車をつくり、九州全域に人が足を運ぶように努力してきました。

さらにいえば、最大のソフト面は地域の人でもあります。

地域の人が心から誇りに思えるような環境が整えば地元が元気になり、もっと良くしたいという意識も生まれてきます。こうしたステージを地域の人に用意するのもまた、私たち公共デザイナーの仕事でもあるのです。

　私がこの「ななつ星in九州」を手掛けてきて改めて感じたことがあります。それは、モノづくりにおいて、デザイナーにかぎらず私たち大人がやるべき仕事とは、「未だかつて無いものをつくる」ということではないでしょうか。

　既成概念を壊し、より豊かな人・事・物をつくって次の世代に残していくことを考える必要があるということです。そして、未だかつて無いものに向かって作業をしている姿に価値があり、その姿を次の世代に見せる。そのためには与えられた予算と時間と技術のなかで最善を尽くしていくということが、本来私たちモノづくりに携わる人間の義務でもあり権利でもあるのです。

　さらにいえば、未だかつて無いものに向かって作業をしていくことで新たな発想や手法、そして新たな知恵が生まれ、ひいては新たな技や仕事が生まれていくということもぜひ知ってほしいと思います。

ＳＬ人吉

懐かしさと豪華さに包まれた
蒸気機関車

九州旅客鉄道　鹿児島本線・肥薩線（2009年４月）

昔から走っていたＳＬを復活させる

日本三大車窓を楽しむ「贅沢な鉄道の旅」ができるのが、ＪＲ九州が四億円の費用をかけてリニューアルした観光列車ＳＬ人吉(ひとよし)です。

鹿児島本線・肥薩(ひさつ)線の熊本から人吉までを走るＳＬ人吉では、「昔から走っていた懐かしいＳＬを復活する」というのがＤ＆Ｓです。

どんなＳＬを復活させるのかが最大の課題だったのですが、そこで考えたのが観光列車として物見遊山(ものみゆさん)するようにリラックスができ、さらには車内の設備などは使い勝手も良くどこか懐かしいと感じるレトロなデザインでした。それはまさに、ＳＬが初めて走ったときの感動を再現するというのが私なりに出した答えだったのです。

デザイナーというのは、常に感動を再現することを考えなければいけません。そのときに、昔のままの素材や空間では、現代の人たちにとっては居心地が悪かったり窮屈に感じたりということになりかねません。昔のままの固い椅子や色彩に満足することができないのです。つまりは、細部に心地良さを感じることができないわけです。そこで、今の時代の人間工学的な心地良さを取り入れながらも、形としては懐かしさを感じさせるデザインをめざしたのです。

天井の細部にまで気を配った客室

鳳凰の壁画が印象的なビュッフェ

確かに三両編成という短い車両ではあるのですが、ちょっと車内を散歩すればいろいろな発見があるはずです。言い換えれば、観光の目的がこのＳＬ人吉に乗ることであり、車両自体が観光地になっているということです。

一般車両の座席では木材を基調としながらも布地と本革を採用することで、心地良いクラシカルな車内をより引き立てることができ、天井には鉄製の格子（こうし）をつけることで、どこか懐かしい旅を演出しています。

続いて、観光列車としてはもはや当たり前となっているビュッフェでは、何と言っても鳳凰（ほうおう）の壁画が鮮烈な印象を与えます。もちろん、車窓の美しい景色も楽しみのひとつです。加えて、地元人吉の名産物や、軽い食事や飲み物によっても心からリラックスすることができます。

さらには、ＳＬ人吉のオリジナルグッズの買い物を楽しんだり、ゆっくりとカフェタイムでくつろぐこともいいでしょう。そして、歴代の機関車を集めたミニＳＬミュージアムや、鉄道や旅をテーマに集めたＳＬ文庫といった配慮も旅を充実させるのに一役買っています。

子どものためにガラス張り展望ラウンジをつくる

ＳＬ人吉のオンリーワンは、子どもに楽しんでもらいたいということで、展望ラウンジをひとつの目玉にする計画を立てたことです。

この展望ラウンジはメープルやローズといった表情豊かな木の色合いが心地良く、ＳＬ人吉の走行路線に沿って流れる球磨川の景色を楽しむことができるのですが、ゆっくり走るＳＬ車両の展望ラウンジの壁をガラス張りにしたことで目の前の景色が絶妙に移り変わる様子が立体的に感じられるようになっています。

この展望ラウンジは列車の最前部と最後部にあるのですが、そこに子ども用の椅子をつけたいと最初に提案しました。ところが当初は「もし子どもが転んだらどうするのか」などと反対されました。しかし、「もしも」のことを考えるよりも、私は積極的に楽しいことを選びたいと思ったのです。

結果的には、ガラス張りの展望ラウンジのなかでも最も景色が良く見える場所に、小さな子ども用の椅子を二脚ずつ取り付けることができました。当然、安全面にも配慮して、子ども用ハンドルも設置しています。私はこの席が、この車両で最も価値がある空間だと思っています。

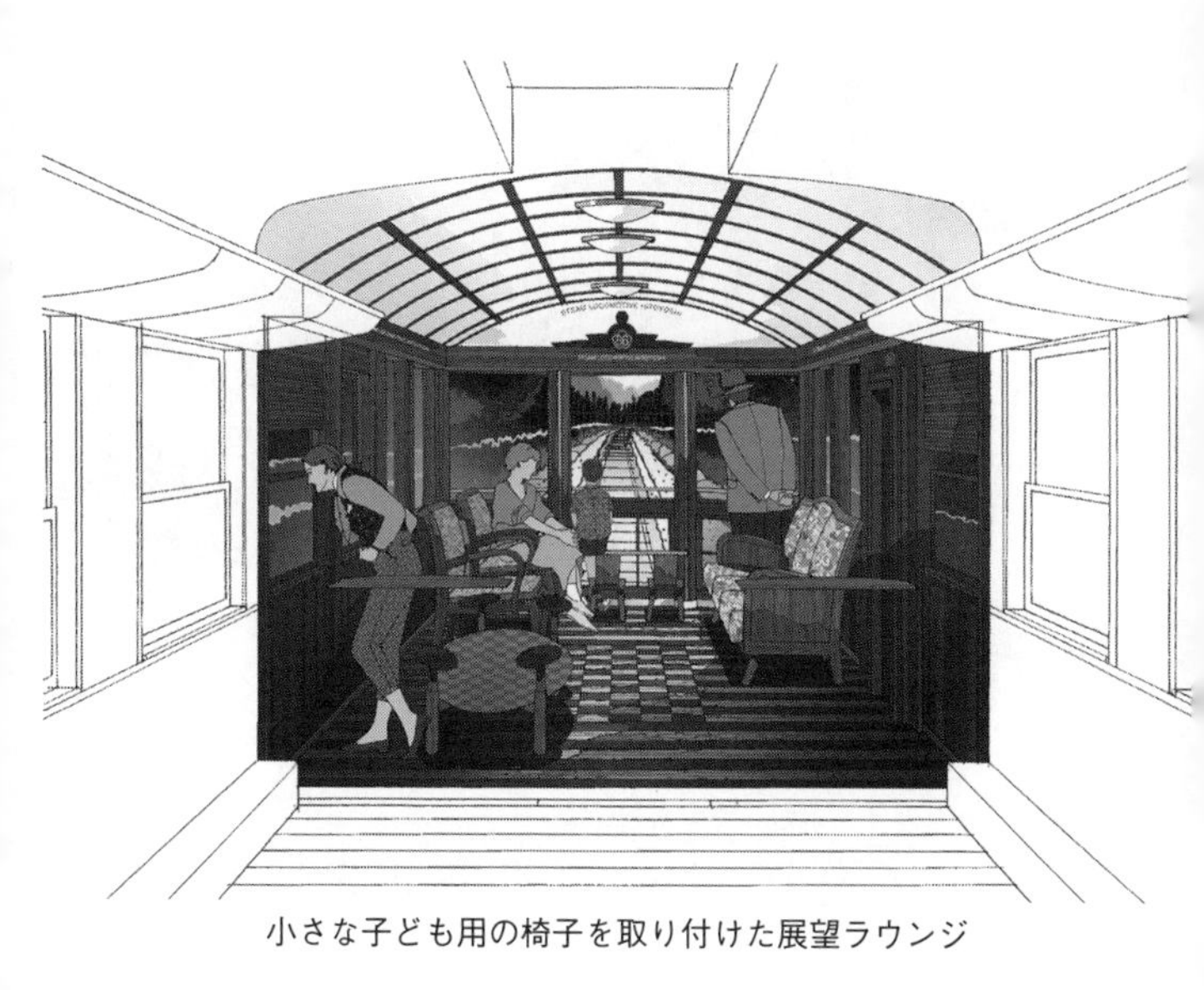

小さな子ども用の椅子を取り付けた展望ラウンジ

指宿のたまて箱

竜宮伝説をテーマにした観光列車

九州旅客鉄道　指宿枕崎線（2011年３月）

通称「いぶたま」に仕掛けられたさまざまなアイデア

鹿児島中央駅から指宿（いぶすき）駅を五五分で結ぶのが指宿のたまて箱、通称「いぶたま」です。何ともユニークなネーミングですが、このネーミングからはある物語を連想することができます。

この「指宿のたまて箱」というネーミングはJR九州の唐池社長が考えたのですが、それは薩摩半島の最南端にある長崎鼻一帯に伝わる浦島太郎の竜宮伝説の玉手箱にちなんでいます。これが、指宿のたまて箱のD&Sです。

そして、私は子どもにも親しみを持って覚えてもらえるように愛称をつけようと提案しました。それが「いぶたま」だったのです。

続いて、外観デザインを仕上げていくのですが、この「いぶたま」には社長の希望でちょっとした仕掛けをいくつか施してみました。まず、玉手箱の煙に似せたミスト装置を電車に取りつけました。それによって、お客様が列車に乗り込むときに浦島太郎の物語に入り込んだ気分になれるというわけです。

続いて、内装デザインですが、客船などで用いられるチーク材や南九州産の杉を使用し、多様な座席には二連シートの他に海側に面した席や大きなテーブルのあるボッ

海側にカウンター席、山側にソファ席

山側に配置された棚には竜宮伝説
に関する書物が置かれている

クスシートを採用しています。

また、ステンドグラスを施した扉のある棚には竜宮伝説に関する展示物や絵本、指宿に関する書籍を収納し、そこにソファを配置してくつろげるスペースをつくりました。

そして、子ども専用の海に面した席には、子どもが安全に遊べるベビーサークルを設置しました。

真剣かつユーモアのある会議から生まれた黒&白の車両デザイン

ＪＲ九州の唐池社長から「山側半分の外観を黒色、海側半分の外観を白色でデザインしてほしい」という大胆な配色リクエストが上がってきました。

最初はデザイナーとしては不都合なデザインだと思っていたのですが、そのデザインを進めると、これはなかなか面白いと感じました。やはり、デザインというものはいろいろな人の意見を聞くことによって「気づき」が生まれるものです。では、なぜこの外観の色を黒と白にしたのか。それは、浦島太郎の物語では玉手箱を開けると黒髪から白髪に変化します。それをＪＲ九州の社長は表現したかったようです。

私はＪＲ九州の会議に出席することが多いのですが、実に真剣かつユーモアのある

内装はチーク材や杉などの天然木材をふんだんに使用している

会議が行われています。当然ながら、「利用してくれる人をワクワクした気持ちにさせるにはどうしたらいいだろう」ということを真剣に議論する場なのですが、モノをつくる前段階から「これからどんな新しいことができるのだろう」という楽しい気持ちを会議に参加する全員が持っていることが伝わってきます。

指宿のたまて箱のデザイン現場における会議では、外観デザインを決めるときに社長が「海側が白色で山側が黒色だとデートの待ち合わせで失敗しちゃうかな？」と笑いながら話していました。もちろん、会議の場は一気に和やかになったことは言うまでもありません。つまり、誰もが会議を楽しみにしているのです。そして、会議で議題になったことは次の会議に持ち越すことはありません。社長が即決するのです。さらに言えば、会議用の資料や企画書はあっても、すべては会議に出席している人が自分の言葉で考えて発言するのです。

これは、「上手く話せなかったり、間違ってもいいじゃないか。重要なのはライブで自分の心をさらけ出すこと。それができなければお客様を喜ばせる仕事はできない」という社長の考え方があるからです。

確かに、資料やメモを読んでいるだけではその人の能力は開花しません。ライブという緊張感のなかで自分の伝えたいことを相手の気持ちになって伝える。それによって、お客様の笑顔が想像できるようになるのです。

超低床式路面電車ＭＯＭＯ（9200形）

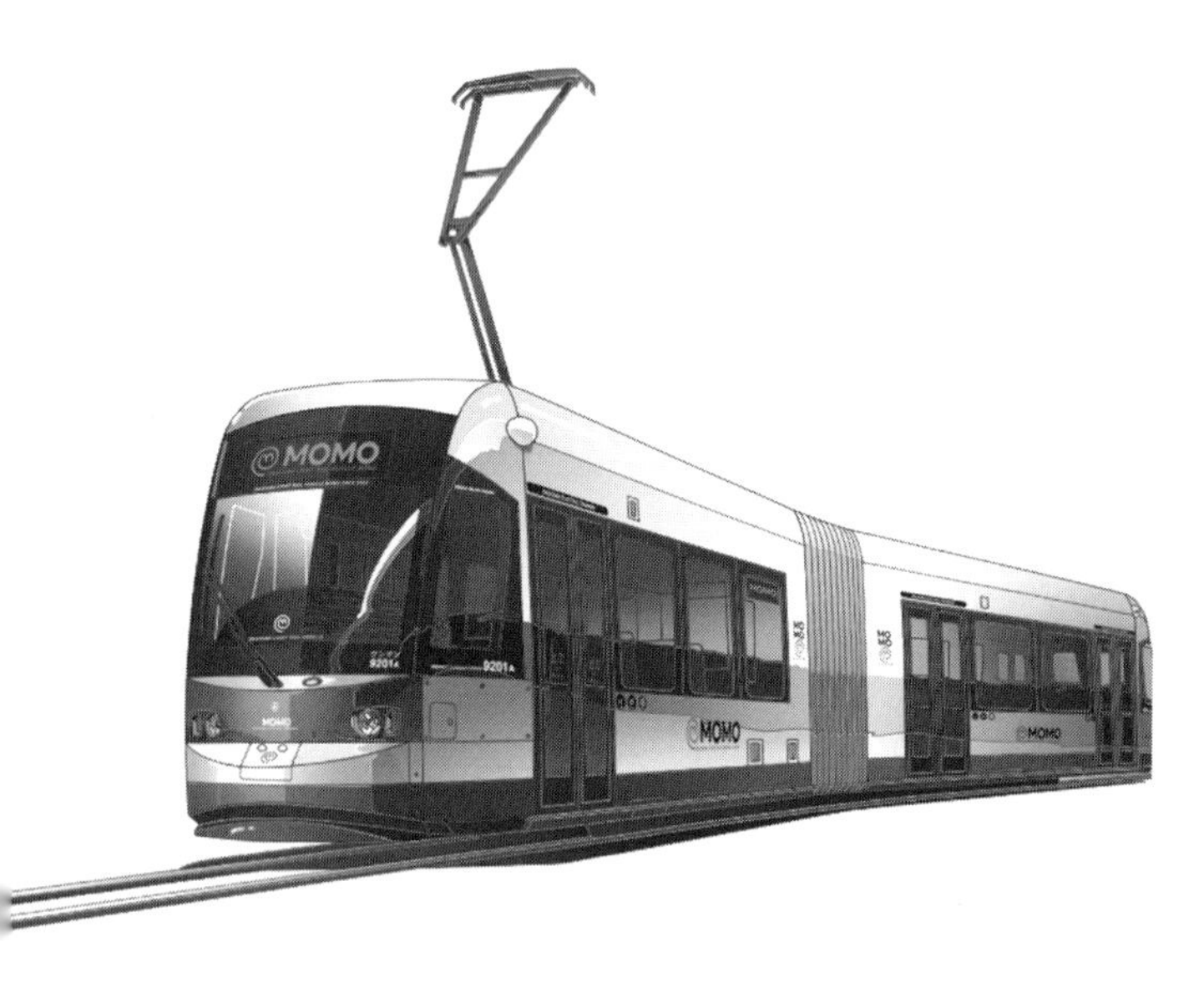

人と街を楽しくする路面電車

岡山電気軌道（2002年７月）
ローレル賞、グッドデザイン賞、日本鉄道賞 受賞

「街を変え、そこに住む人を楽しくする」がデザインコンセプト

私の故郷である岡山の市民グループ「路面電車と都市の未来を考える会」からの要請で、四・七キロという日本一短い岡山電気軌道の路面電車MOMOのデザインを担当しました。

私はこのデザインを出身地の活性化に向けたボランティアと位置づけ、デザイン設計をボランティアで行いました。路面電車を進化させるだけではなく、街を変え、そこに住む人を楽しくするというのが、このMOMOのデザインコンセプトです。

MOMOという愛称は、昔話の桃太郎と岡山の名産の桃から名付けられました。そして、小さな子どもや高齢者、さらには車椅子の方も乗り降りしやすいように、車両とホームとの段差をほとんどなくした超低床車輛（しゃりょう）ノンステップ構造が特徴です。MOMOには、ただ単にバリアフリー構造だけではなく、都市交通を円滑にするために「乗りたくなる電車」を創造することが求められました。基本形状や構造が決まっているためデザインを行える範囲はかぎられていたのですが、まず着手したのが外装の色です。

現代では街中に多くの色が氾濫（はんらん）しています。これは見方を変えれば視覚的公害とも

大きな窓を採用することで車内に開放感が生まれる

内装インテリアには自然素材をふんだんに使用

いえるのですが、色については「街という舞台のセットの一つ」になるように、そして乗客のみなさんに楽しく快適に利用してもらえるように、岡山電気軌道と十分な時間をかけて協議を重ね、岡山の公共空間を考慮して、青・銀を基調としたメタリックな外装を施しました。

さらには窓がとても大きいので車内は閉塞感がまったくなく、まるで路面通りをそのままに移動しているような気分になれます。

子どもたちの想像を超えるデザインを追求

車体や内装などのデザインは座席や床材に木などの自然素材をじっくりと吟味し、その良さを活かしています。なかでも緩やかなカーブを持つ木製の座席を構成する木材は天然木のむく材を使い、家具職人が一枚一枚削り出したハンドメイドです。座る前に思わず手で撫でてみたくなるような温もりが感じられるほどです。

MOMOをデザインして感じたことは、利用者のなかでもとくに子どもたちが最も厳しい批評家であるということでした。子どもは楽しいことは楽しい、つまらないことはつまらないと、自分が思ったり感じたりしたことをストレートに表現します。実際にデザイナーが子どもたちの想像以上のものをつくり出すことによって、子どもた

子どもたちの想像を超えるデザインが街を彩る

ちには緊張感が生まれ、それを大事にしようとします。これは公共デザインに対する尊敬が芽生える瞬間であり、「公共のものって凄いものがあるから大切にしなきゃいけないんだ」と思わせることができます。

だからこそ、私のデザインに触れた子どもたちが感動してくれたり喜んでくれることが、そのまま私の感動や喜びに繋がっているのです。

公共デザインとは単に色や形を伝えるものではなく、「心と技」を伝えるものです。公共空間を楽しんでもらう、あるいは快適に利用してもらうためにはデザイナーが利用する人や運用する人の「思い」をくみ取る心を持ち続けることがとても重要です。良いものをつくり、それを守るだけでは単

ヨーロッパの路面電車を参考にしてデザインした
超低床式路面電車 MOMO

なる遺跡になってしまうため、それらを長く利用しながら楽しむ、それによって街づくりに活用するといった視点や発想、さまざまな工夫が必要なのです。

８１７系コミュータートレイン

観光列車と同じように愛されることをめざした通勤通学電車

九州旅客鉄道（2001年 10月）
グッドデザイン賞 受賞

観光列車の機能を通勤電車に持ち込む

817系コミュータートレインは通勤通学の足として毎日使われる電車ですが、私は特急列車であれ、観光列車であれ、通勤電車であれ、デザインという意味においてはすべて同じだと考えています。それどころか、毎日通勤通学の足として使われ、九州で最も多くの人に利用される電車であるこのコミュータートレインにこそ、最高のデザインや最高の車両を提供していきたいと考えました。そこで、通勤電車であっても観光列車のような乗り心地や使い勝手を追求し、美しく、多くの人に愛されるデザインが必要であるということをデザインコンセプトにしました。

観光列車の機能を持たせたものを通勤電車に持ち込むというのはひとつの挑戦でした。たとえば、観光列車より大きく開放的な窓を用いています。座席にも新幹線と同等レベルの上質なプライウッド（積層合板）をベースに本革の座面、ランバーサポート、ヘッドレストをあしらったオリジナルのシートという贅沢（ぜいたく）なつくりになっているのはそのためです。まさに、九州の通勤通学シーンを大きく変えたオンリーワンの車両といえます。木製の座席を通勤電車で採用することは、傷をつけられたり落書きをされるといった懸念（けねん）もありましたが、それでもあえて採用した理由は公共の場であるからこそ美しいデザインや良質の素材で車両をつくり、手間暇をかけてメンテナンスをすることによって利用する人たちに大切に使っていただきたいと考えたからです。

私が車両をデザインするときにひとつの基準としているのが、お客様がその車両をどれくらいの時間利用するかということです。それによって車内での過ごし方が変わってくるので、何が必要で何が不要なのかという判断がしやすくなるのです。

たとえば、新幹線であれば三時間以上、特急列車や観光列車であれば二時間以上の所要時間があります。しかし、通勤電車というのは長い人でも一時間、短い人であれば五分や一〇分ということも考えられます。つまり、通勤電車というのは車内での過ごし方が極めて単純化されているので、その分デザインの要素が少なくなってくるわけです。ということは、単純に和の素材を使えばいいというわけではなく、強度が必要な部分は鉄と樹脂を用いつつも、その列車にどのような人が乗るのか、どんな雰囲気や使い勝手に期待しているかをしっかりと考えてデザインしていかなければいけないのです。そこで採用したのが、転換クロスシート（背もたれの部分を前後に移動させることができるクロスシート）と折りたたみ座席です。

新幹線、特急列車や観光列車ではもはや当たり前となっている転換クロスシートですが、このような便利な機能も普通の通勤電車では予算も時間も技術においても制約が伴います。そこで、背もたれだけが転換できる座席デザインをすることで解決し、さらにはラッシュ時間の対応のために乗降口近くに折りたたみ座席を完備したのです。

吊り手の配置を円形状にした「エンゼルリング」

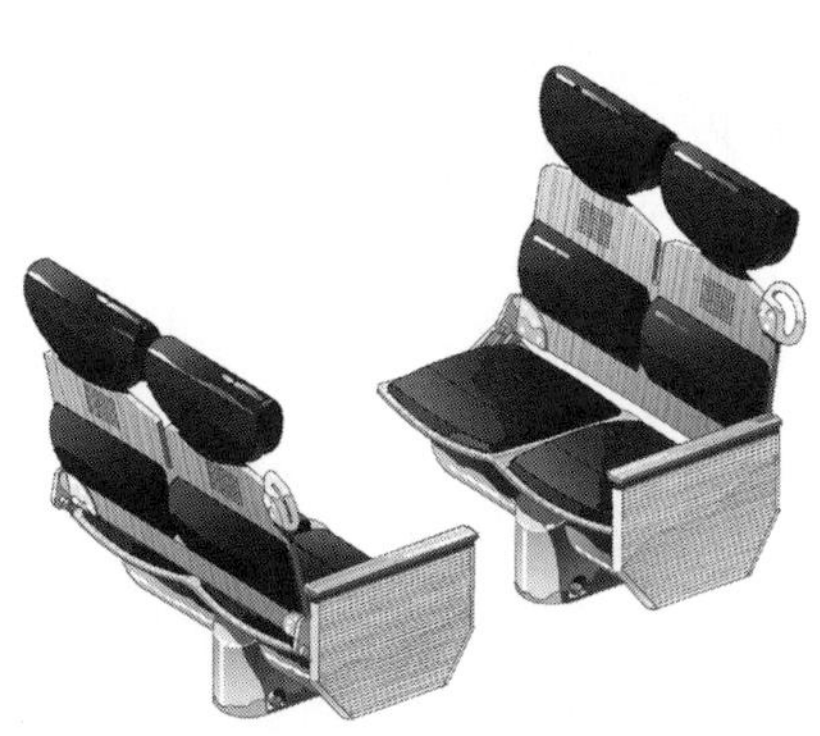

革とプライウッドとアルミの転換クロスシート

円形状に配置された吊り手の意味

このコミュータートレインでぜひとも注目してほしい部分は吊り手です。

素材は樹脂を使い、鉄のパイプから下がっていますので「素材」という意味ではごく普通ではあります。しかし、乗降扉付近の吊り手の配置を円形状にしたのです。これは、「エンゼルリング（天使の輪）」という愛称で今では多くの通勤通学客たちに親しまれています。

一般的な通勤電車では吊り手の配置がドアと平行してつくられていますが、それでは吊り手につかまった人が乗降する人、通路を出入りする人の邪魔になってしまうことがあります。そこで、乗降扉付近の吊り手の配置を円形にすることで混雑時に扉付近の人の流れをスムーズにしているのです。

もちろん、このエンゼルリングは混雑時だけではなく、空いているときでもある効果を発揮します。それは、人と人のコミュニケーションです。

円形配置にしたこの吊り手に内側向きでつかまり目の前の人と向き合うことになれば、そこでちょっとした〝井戸端会議〟をはじめることができるのです。

第５章
公共デザインの裏側

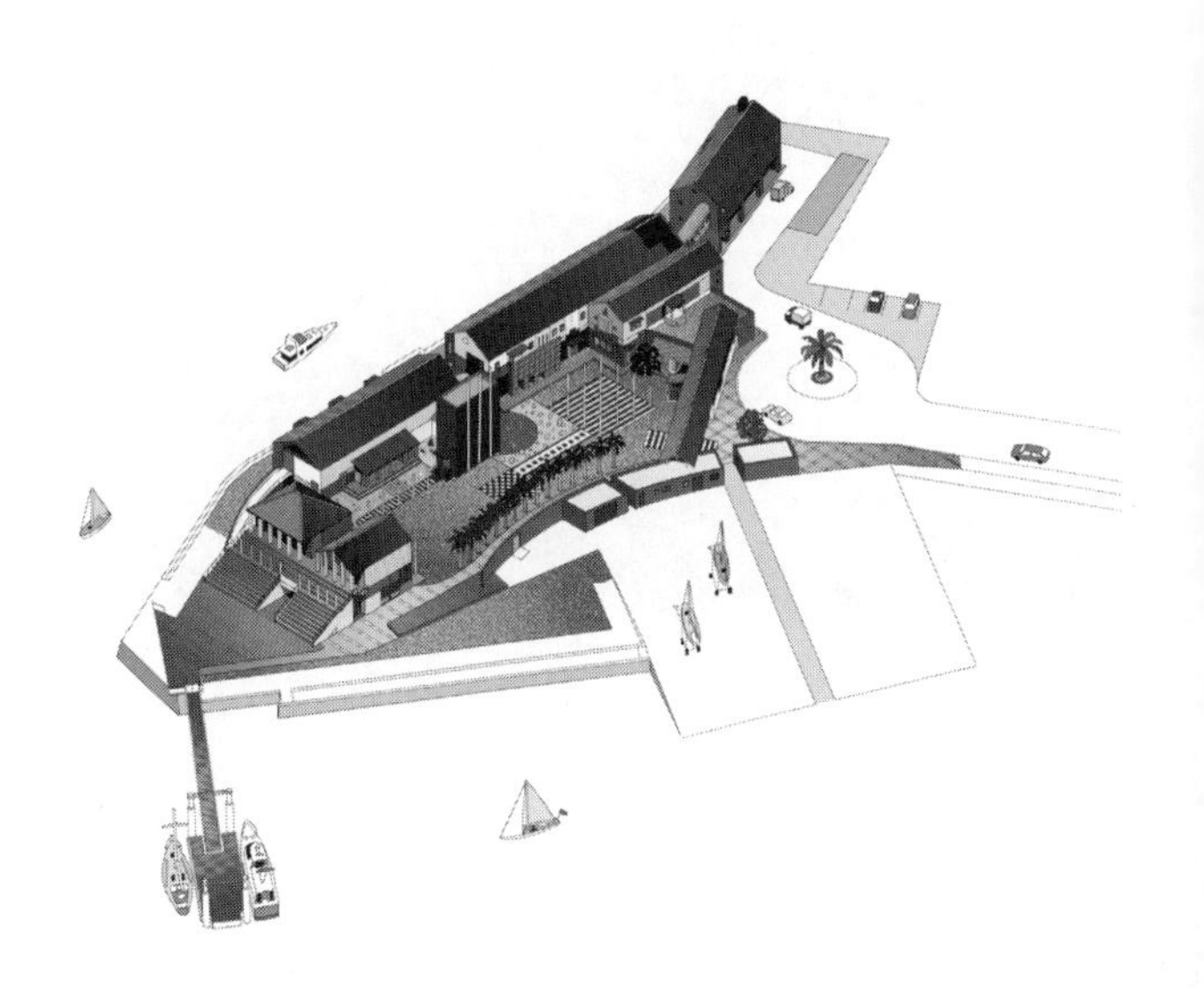

高速船ビートル

対馬（つしま）海峡を渡る海とぶカブトムシ

九州旅客鉄道　高速船（2006年7月）
福岡—釜山（韓国）

飛行機では決して味わうことのできない快適な船旅

現在、博多港と韓国の釜山港を三時間五分で結ぶ航路で運航されているのが、ＪＲ九州の高速船ビートルです。このビートルはジェットフォイルと呼ばれるウォータージェット推進式の水中翼船です。

軽くて錆びにくいアルミニウムの船体は港を出ると水中翼によって海面から持ち上げられ、時速八〇キロで海上を疾走しながらも、波の影響を受けにくい翼走状態で航行しますので、波浪による船体の揺れが少ないといわれています。小さな船体に秘められた技術とパワー、そして飛行機では決して味わうことができない三時間五分の快適な船旅へとご案内するというのが高速船ビートルのＤ＆Ｓです。

ビートルのグリーン席には世界初、ドイツのレカロ社設計のシートを装備しています。レカロ社のシートは航空機やベンツ最高峰モデルのマイバッハなどの高級車に採用されており、長時間座ったままでいても疲れない設計となっています。そのゆったりとした空間は普通席よりも落ち着きのある深緑の配色を施しています。また、メインデッキではさわやかな暖色系の色合いのシート地を採用し、心地良い船旅がさらに上質で豊かになっています。

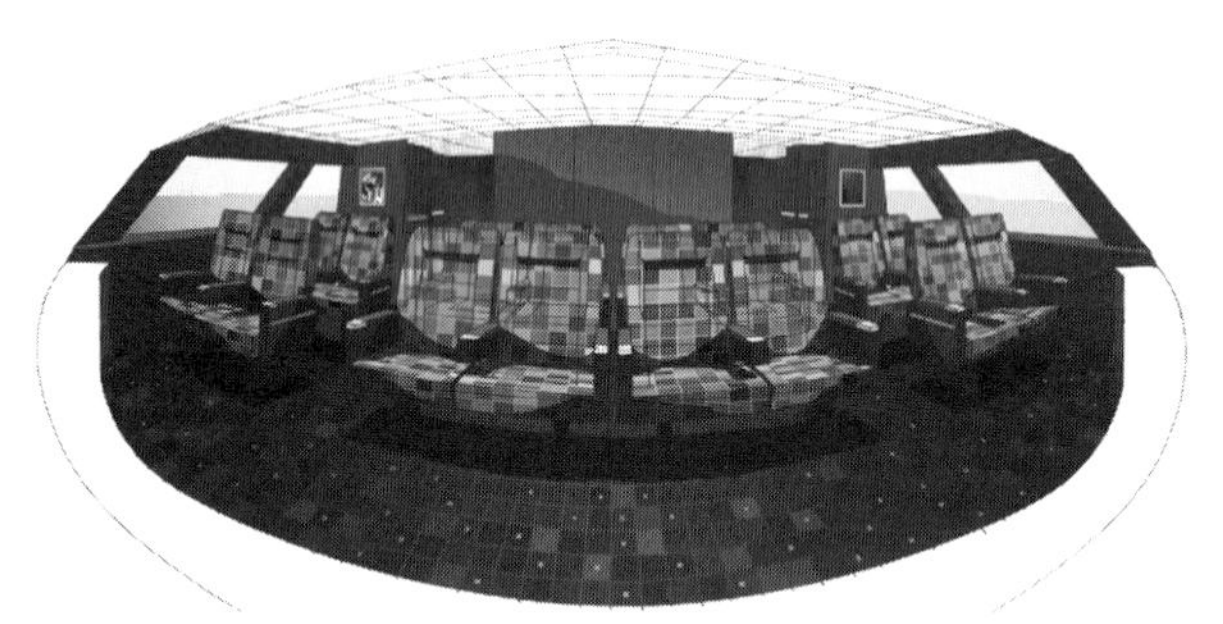

ゆったりした空間に座り心地の良いシートを配置したグリーン車

鮮やかな色合いのシートを採用したメインデッキ

猛反対を受けた黒一色のデザインを押し切る

私がデザインの世界に入って最初に関わったのは船でした。そのような意味では、私は鉄道車両よりも船のほうが馴染みがあると言っても過言ではありません。

まだ私が一八歳のころ、最初にお世話になったデザイン事務所は船の設計やデザインを多く手掛けている会社でした。もちろん、最初からデザインを任されることはありませんでしたが、そこでの下働きが私に船のデザイン、ひいては工業デザインの基礎を教えてくれたような気がしています。こうした経験があったことで、ビートルのデザインも何の抵抗もなく進めることができました。

また、私にとって一九九〇年に運航を開始した初代ビートルのデザインは、ＪＲ九州の唐池社長と一緒に手掛けた最初の仕事だったこともあり、とても思い出深いのですが、当初は博多から長崎の平戸やハウステンボスといった国内航路運航だったということもあって、デザインの規制がそれほどありませんでした。

停船しているこの船は前面の水中翼が上げられているため、それはまるで角のようなイメージでした。すると、唐池社長が「まるでカブトムシのようだ」ということで「ビートル」と命名し、「海をとぶカブトムシ」をイメージしながらデザインをはじめました。それが次ページのイラスト画です。

　ところが、このデザインを会議で提案すると出席者から猛反対を受けました。外観がまるで軍艦のようだというのです。

　しかし、唐池社長は「水戸岡さん、このデザインは全員の反対を受けてしまったよ。でもね、これはひょっとしたら成功するかもしれないよ」とその反対を押し切って黒一色のデザインを押し通しました。

　そしてこの船は川崎重工で造船することになったのですが、唐池社長と私が完成した黒一色のビートルを見たとき、豪華客船に思えたほどでした。そのとき、私たちはこの仕事の成功を確信したのです。

　実際に、海の上で目立つ色というのは白と黒です。だからこそ多くの船に白色が採用されているのですが、もしも霧が出たりした場合は白というのは見えづらくなってしまいます。しかし、黒というのは海で視界が悪いときでもはっきりと認識できる色なのです。

黒一色にデザインされた初代ビートル

リゾート施設笠沙恵比寿

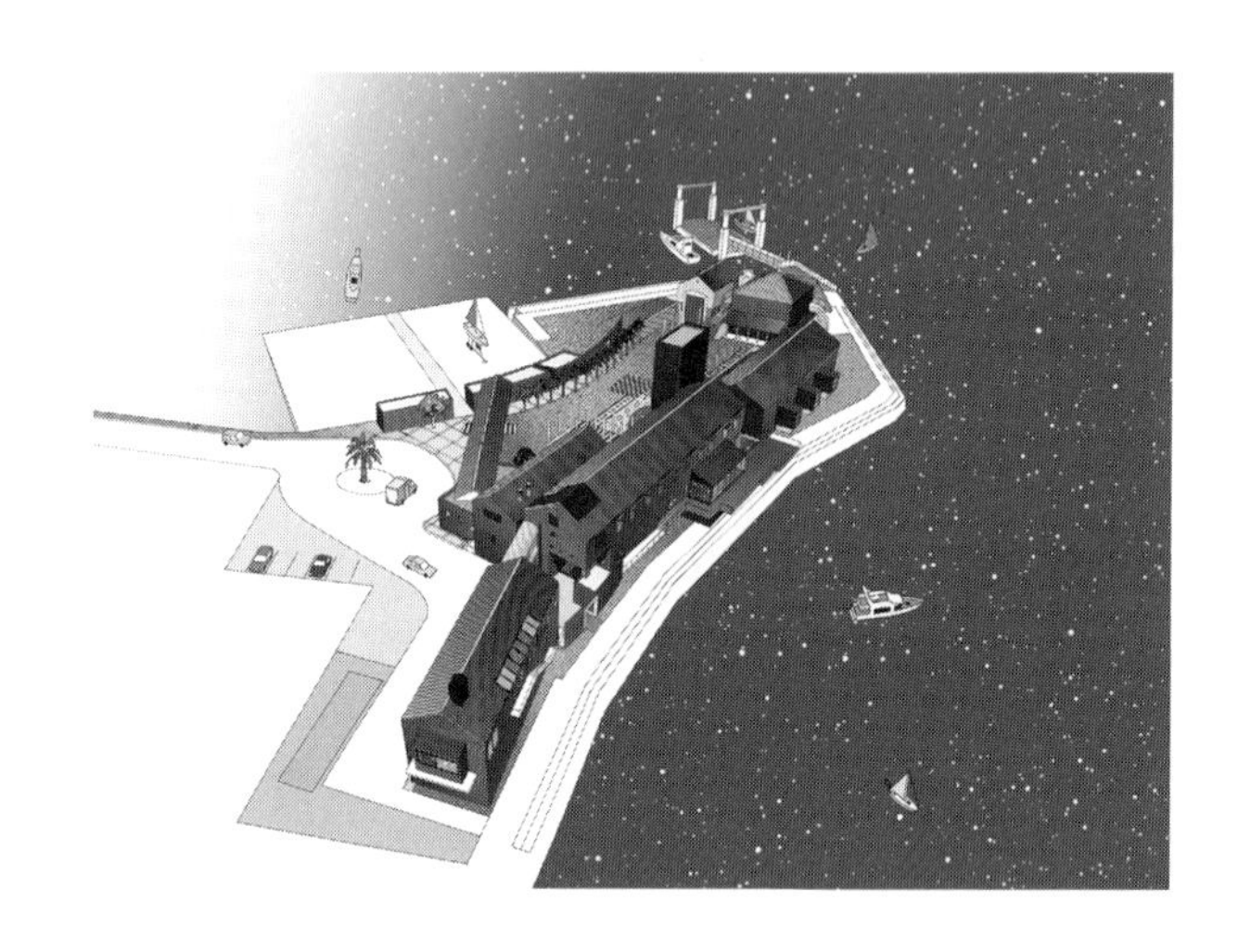

海の文化を物語る漁村のような複合施設

鹿児島県南さつま市笠沙町
（2000年）

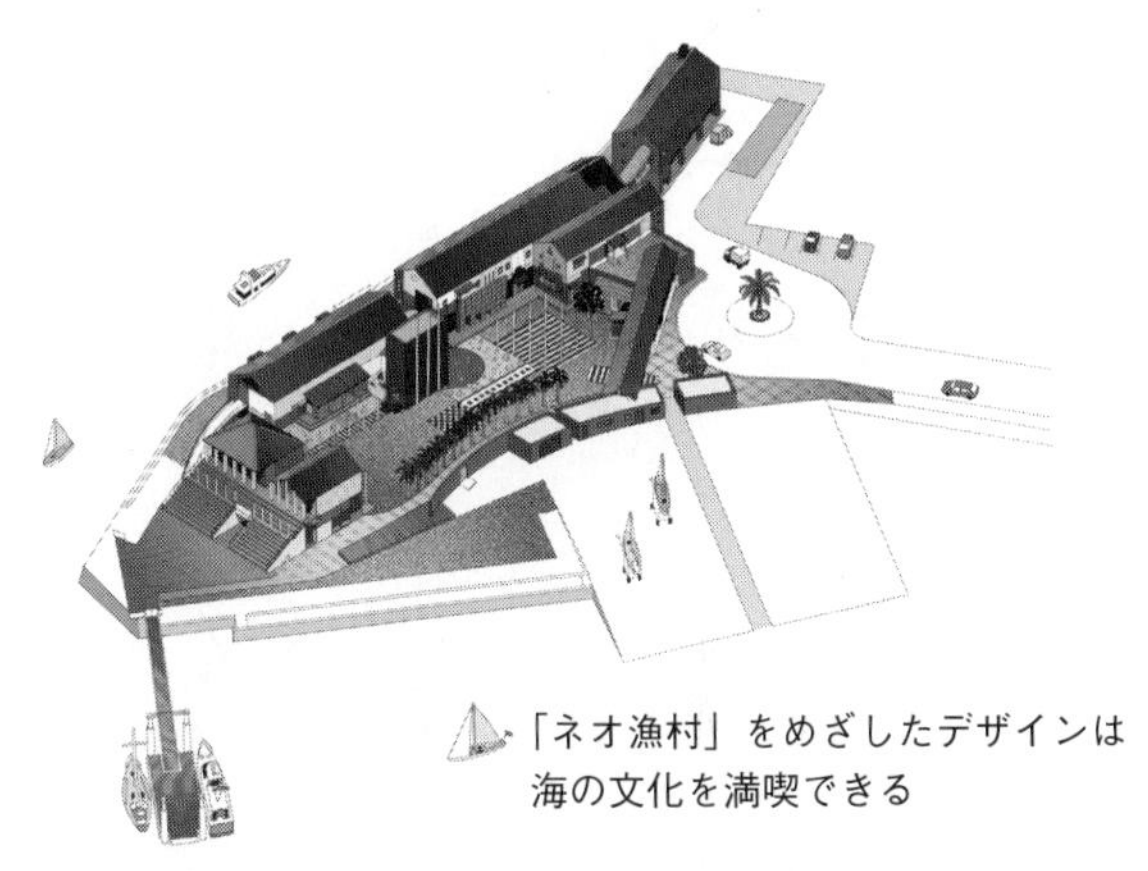

「ネオ漁村」をめざしたデザインは海の文化を満喫できる

採算がきちんと取れる観光施設にこだわる

鯨やイルカが当たり前のように回遊する豊かな海があります。それは、東シナ海に面した九州は薩摩半島の最西南端の野間岬であり、その南さつま市笠沙町の豊かな自然の懐にあるのが笠沙恵比寿です。ここでは、笠沙野間半島の自然と、素朴でありながらも贅沢な時間を満喫することができます。

この施設のデザインを依頼されたとき、依頼主からは「採算がとれるかどうかわからないが、とにかく立派な博物館をデザインしてほしい」という要望がありましたが、私は「採算がきちんととれる観光施設としてデザインに参加したい」と強く申し出ました。そうして、ただの博物館ではなく、海の文化をしっかりと紹介することを考えながら、さらにはレストラン、お風呂(ふろ)、宿泊施設の他、船釣り体験、シーカヤックツーリング、定置網観光が楽しめる機能を持たせた施設をめざしました。

まさに、多様な機能を楽しむことができる体験型観光施設「ネオ漁村」をつくろうというのを、この笠沙恵比寿のデザインコンセプトとして挙げたのです。

地元の素材や風習を取り入れながらモダンな感覚も入れ込む

私にとっては、このような複合施設のデザインから設計までを担当することは初めての経験でしたので、しっかりと環境に合わせたデザインを心がけるようにしました。そのために、私が記憶しているだけでも笠沙恵比寿の現場には一年半の間に七〇～八〇回は足を運びました。そして、できるかぎり地元の素材や風習といった文化を取り入れつつ、モダンな感覚でデザインを進めていきました。

人口が三八〇〇人ほどの小さな田舎町に、総工費一二億円以上をかけた「町づくり」のプロジェクトでしたので、細部にも手を尽くしました。それこそ、石の積み方や木の張り方に至るまで職人さんたちに現場で指示していったのです。

そのなかでもとくにこだわったのが「冒険桟橋」と名づけた専用桟橋であり、これ

「冒険桟橋」と名づけられた専用桟橋

により海からのチェックインを実現しました。

桟橋のデザインひとつをとっても、楽しいと思ってもらえる桟橋にもなれば、ただ単に船の乗降をするだけの桟橋にもなります。ほんの少しの違いかもしれませんが、しっかりとデザインされた桟橋であれば着岸したときのワクワク感が大きく変わってきます。このように、利用する人の気持ちを考えることにこだわりました。

さらには岬めぐり、船釣り体験、定置網漁などの乗下船桟橋としてもご利用いただくことで、さまざまな海遊びのステージを完成させたのです。

ＪＲ九州熊本駅

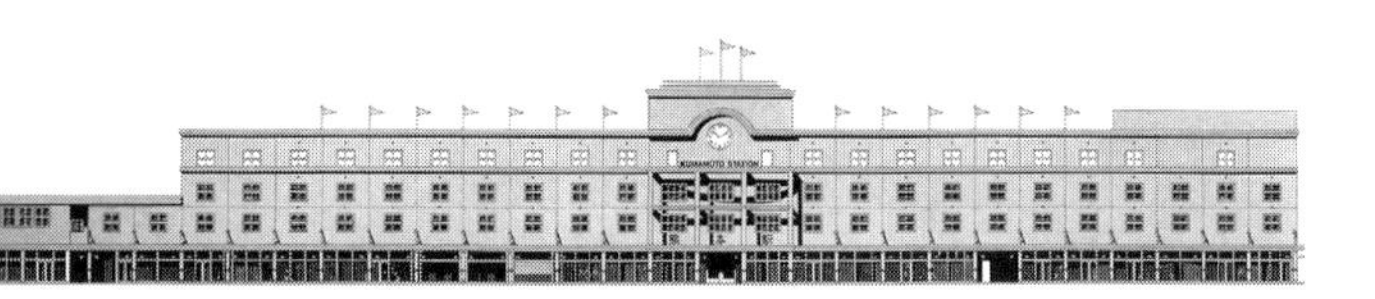

甲子園球場をモチーフにした
モダンな駅舎

九州旅客鉄道（1991年）
鉄道建築協会賞入選

ポストモダンで明るいデザインをめざす

九州新幹線や在来線の特急列車を含め、全列車が停車する熊本駅。熊本県の県庁所在地である熊本市の中心駅です。この駅舎のリニューアルを担当したのですが、もともとあった歴史的な建物をどのようにデザインするのかが大きなポイントでした。そこで考えたのが、四階部分と中央部分があるように外観を思い切って変更し、夜でも色が映えるブルーグレーの塗装を施した、ポストモダンで明るいデザインでした。それが、熊本駅リニューアルのデザインコンセプトです。

地元高校の甲子園出場から得たデザインのヒント

外観のデザインは甲子園球場をモチーフにしました。

その理由は、私がこの熊本駅のリニューアルデザインを担当すると決まったとき、ちょうど高校野球の強豪校である熊本工業高校が甲子園出場を決めたことによります。

そのときに壮行会を熊本駅で行ったのですが、大勢の人が押し寄せたために選手たちがまったく見えなかったのです。そこで、「きっとまた甲子園に出場するだろうから、駅にお立ち台をつくってあげよう」ということで二階の中央部分にお立ち台を設

広い空間をより生かしたデザインをめざした駅構内

置することを決めました。

これまで多くのデザイナーを見てきましたが、デザイナーというのは経験を積み重ねるほどそのデザインがシンプルになっていくということがいえると思います。若いときには体力があるので線にしても一本でも多く描いてやろうと思うものですが、年齢を重ねることで感性が磨かれていく反面、デザインが省略されていきます。

今から約二〇年前の自分のデザインを改めて見てみると、若い分だけ「勇気ある」デザインであるなと思います。現在では多くの経験を積み重ねたことで無難な分だけ面白くないのかもしれないと思うこともあります。無難なデザインでは多くの人に感動を与えることはできませんので、ときに公共性を考えながらも勇気あるデザインを考えていくことも必要になるのです。

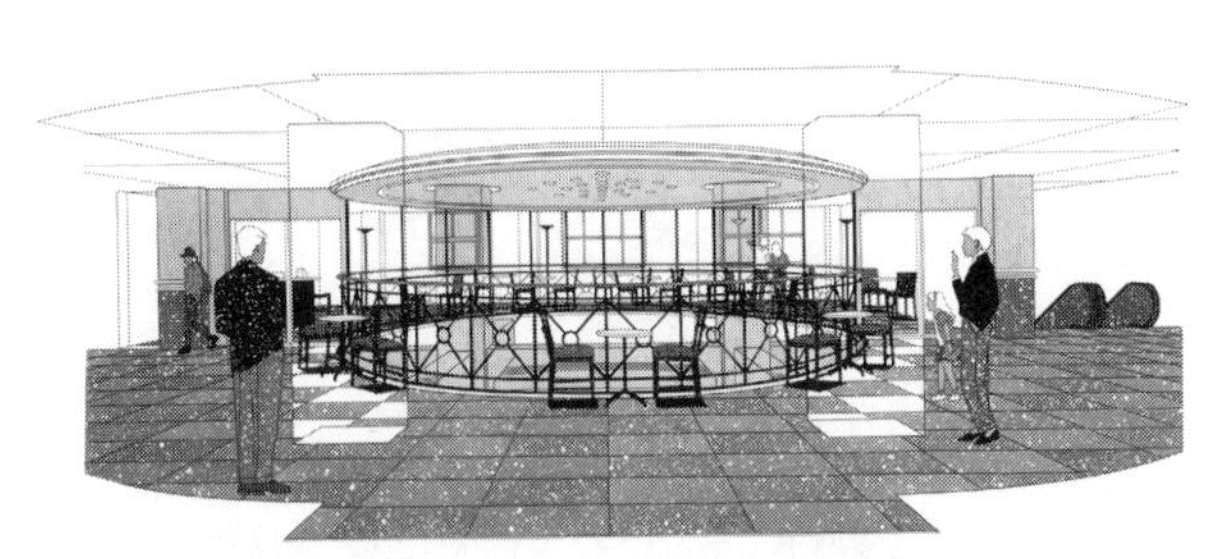

円形に配置された椅子とテーブル

電車の待ち時間などに最適なくつろぎのスペースを完備

商業施設クイーンズスクエア横浜

地域へのプレゼントのような
複合商業施設

神奈川県横浜市西区みなとみらい
（1997年）

初めて手掛けた空間デザインとサイン計画

クイーンズスクエア横浜は、横浜みなとみらいにあるオフィスやホテルなどを含む複合商業施設です。

これは、私が初めて空間デザインとサイン計画を手掛けた仕事でした。もちろん経験はありませんでしたが、ＪＲ九州での実績が評価されて依頼が来たのです。

そこで、まずは横浜に頻繁に通い、経済活動と文化のバランスを考えながらアイデアを練っていきました。多くの企業は利益に直結しないことはやりたがらないのですが、豊かな空間や時間を提供してファンを増やせば、結果として売り上げにつながる。多くの人が集まれば地域活性化にもなるわけです。

そこで、自社の利益だけでなく地域へのプレゼントをしてくれる企業を手伝いたいというのが、このクイーンズスクエア横浜のデザインコンセプトでした。

サイン計画とは本の目次のようなもので、街を楽しむためのガイドになります。つまり、サインが整っていなければ訪れた人たちが十分に楽しむことができないのです。

そこで、クイーンズスクエア横浜のサイン計画が始動する前から、年間にかかるさまざまなメンテナンス費用も計算して、常に新鮮な印象になるように配慮した公共デザインプロジェクトを独自に始めていたのです。

正しいサイン計画を追求する

このクイーンズスクエア横浜のサイン計画が始動したとき、私たちがプレゼンテーションをして困ったのが、「初めて来た人がすぐにわかるサインをつくってください」と言われたことです。しかし、私はこのような要望をいつも断ります。なぜならば、どんなサインをつくったとしても見てすぐにわかってくれるのは訪れる人の六〇%くらいが限界だからです。本当に重要なのはそこを訪れた人がサインを見ながら次第に学習してわかるようになっているサインかどうかなのです。

公共の美しさとはお客様を甘やかすことではありません。これが今の日本の公共デザインの弱点ともいえます。子どもやお年寄りにわかりづらいからといってそこを基準にすればいいというわけではないのです。公共デザインの美しさとは何かということを、みんなが使う場所だからこそ一度きちんと学習する必要があるのだと私は思っています。つまり、何回も来てわかっていくというのが正しいサイン計画なのです。

ここで一例を挙げれば、幅が約二〇メートルの通路の真ん中にマルチポールと呼ばれる柱を立てて案内板を取り付けました。このマルチポールに使用しているアルミ押

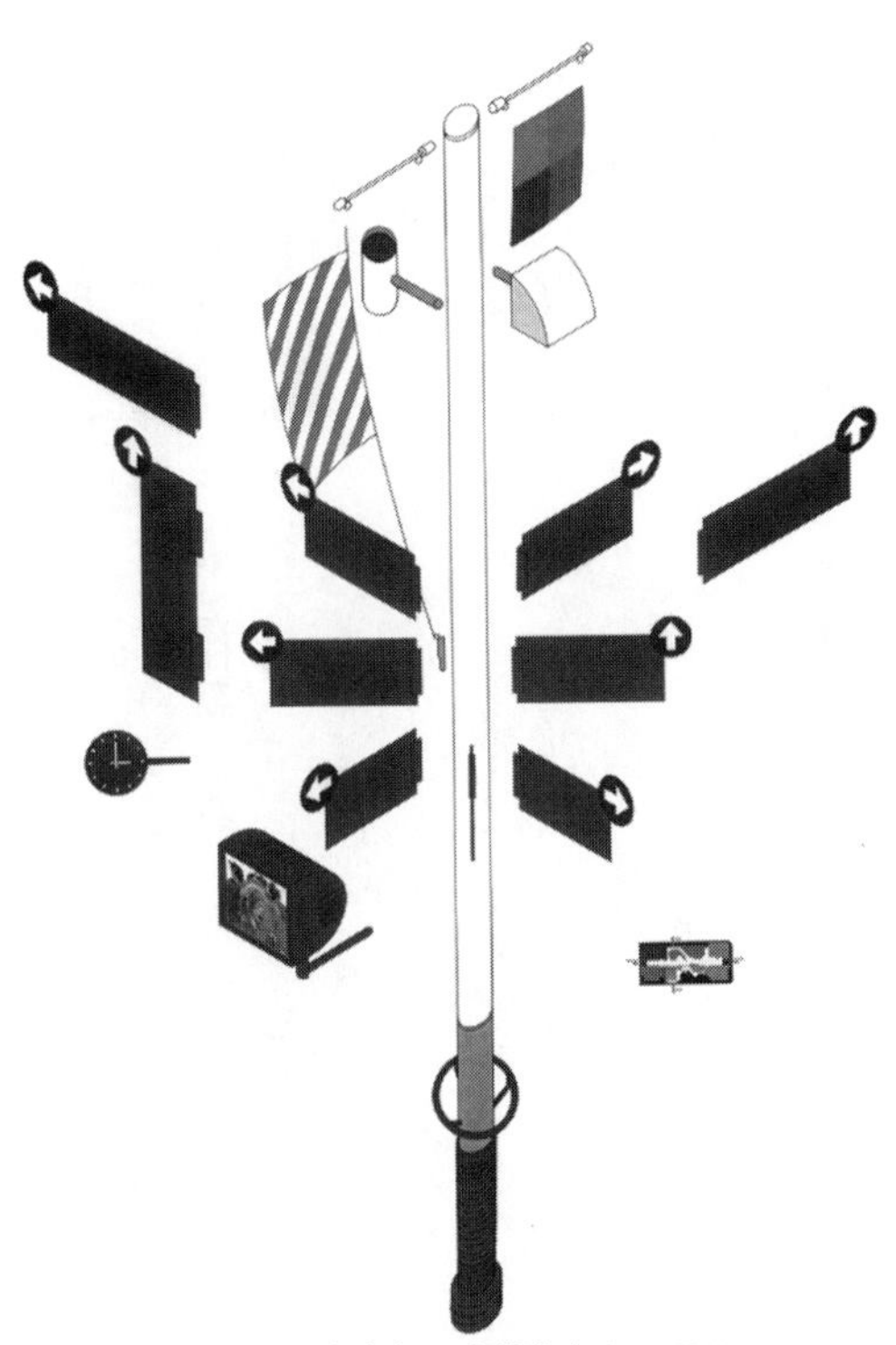

ポールの案内板は多機能なシステム

し出し材は軽量でありながら建築構造に用いても充分な強度があります。また、案内板は矢印の部分を丸型にすることでデザイン性を表現しているのですが、これには最新の職人技術を用いています。

また、サインの設置場所ですが、従来であれば通路の両端の壁に設置するのが一般的なので、最初は通路の真ん中に柱を立ててしまうと通行する人の邪魔になるということで反対されました。

しかし、壁際の案内板を探して来訪者が通路の端しか歩かない、あるいは通行する人が蛇行するようなサインの位置だとせっかくのスペースを生かすことができないのです。そこで、「チョット邪魔だけど楽しくよくわかるサイン」になるように工夫しました。さらには、マルチポールの足元にベンチを置くことで憩いの場にもなる工夫やインフォメーションカウンターはシンボリックな巨大サインとしてアルミカラーのパネルを採用し、JR九州の特急ソニックと同等の色鮮やかな配色で目立つように仕上げていきました。

また、エレベーターや駐車場のサインもどこを利用すればよいかが視覚的にわかるように、原色で誘導できるように配慮しました。なぜならば人間の記憶力で一番覚えやすい色が原色だからです。

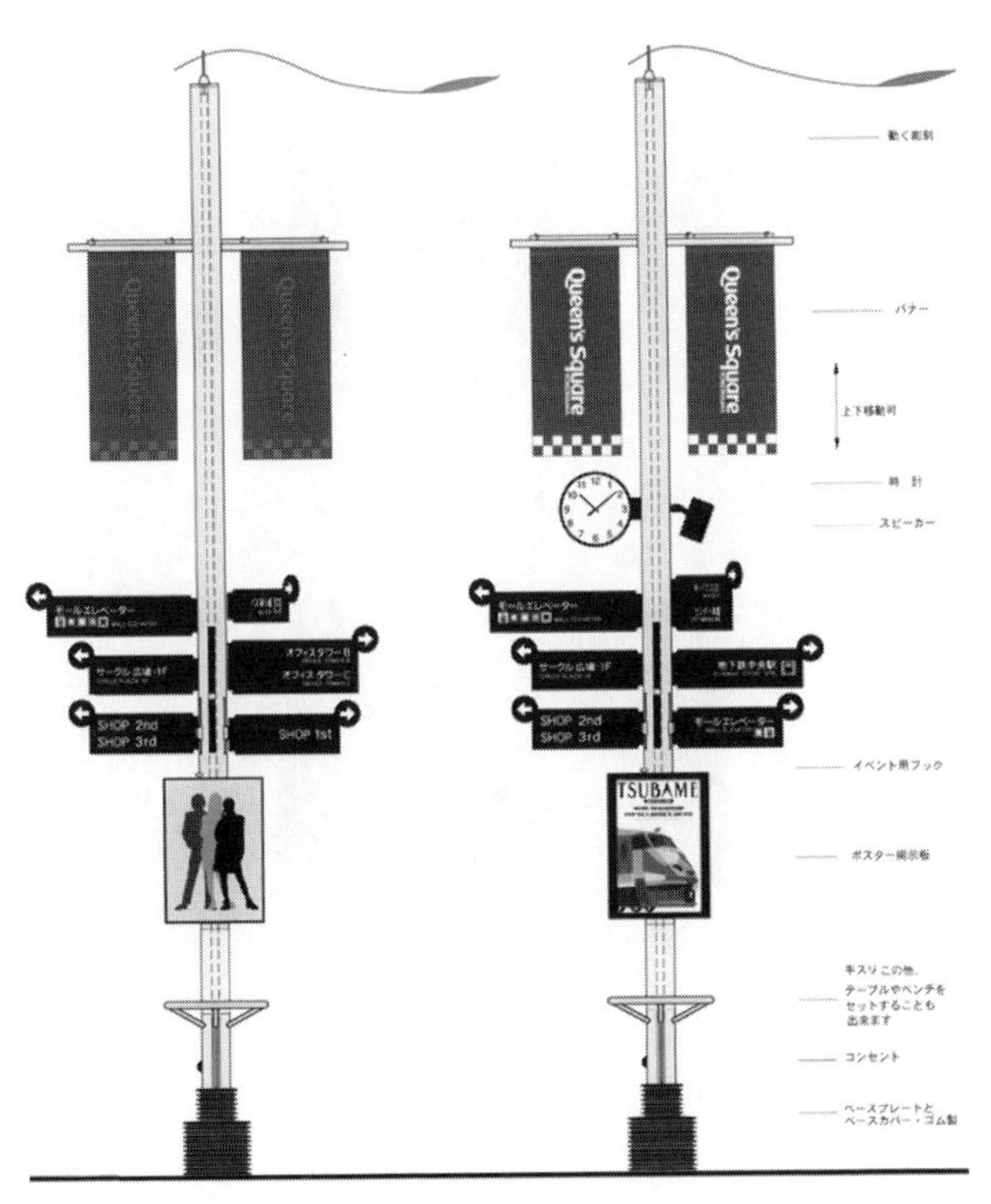

通路の真ん中に設置したマルチポール

ＪＲ九州の制服デザイン

会社の顔としてお客様と接する
ＪＲ九州スタンダード

九州旅客鉄道

良質な制服デザイン

乗務員や駅のスタッフは社長の代理であり、会社の顔でもあります。お客様と直に接しますので、彼らによって会社の印象が決まってしまう可能性があるほど極めて重要な人たちだといえます。そこで身につける制服も十分考えられたものにする必要がありました。機能性が高く普遍性もあり、自他ともに愛着がわき、自信を持って仕事ができるような良質な制服デザインをめざしました。それを「ＪＲ九州スタンダード」と名づけ、ＪＲ九州の会社のイメージとして黒のジャケットとスカート、白のシャツは不変とし、スカーフ、バッジ、ベスト、エプロンを列車ごとに変えていく。それがＪＲ九州の制服におけるデザインコンセプトです。

そこで、最初にデザインしたのが７８７系特急「つばめ」の制服です。このデザインがその後のすべての基本となり、８００系新幹線「つばめ」やＳＬ人吉などの制服デザインも手掛けていきました。

私自身、それほどファッションセンスがあるとは思いませんが、幼少のころから着るものにはとても興味関心がありました。それは洋裁と和裁ができた母親の影響なのだと思います。たとえば生地選びなどに一緒にくっついていき、着物や洋服ができあがる過程を自然に学びました。みんながグレーのズボンをはいている時代に私だけ茶色のズボンにグレーの開襟シャツといった装いで学校に通っていたくらいです。そのような経験がJR九州の制服をデザインすることに役立ったと思っています。

ななつ星in九州の制服デザイン

「新たな人生にめぐり逢う、旅」の「ななつ星in九州」の制服デザインは、まさにこれまでの制服のイメージである「JR九州スタンダード」を引き継ぎながらも、よりオーソドックスなデザインに仕上げました。

大切なお客様の旅を演出する乗務員や駅のスタッフの黒子的な存在を確実にアピールすることができる制服デザインに徹するために、黒や白といったモノトーンに金のボタンなどのディテールを配した、どの世代にも通用する制服らしいスタイルを表現しました。

もちろん、ただ機能的なだけでなくサービスのレベルや格式にふさわしい素材と丹念な仕上げを追求しました。これは、最高の制服に身を包んで気持ち良くサービスをしてほしいという唐池社長のスタッフたちに対する思いが込められています。

なお、「ななつ星in九州」ではスタッフ一人ひとりがさまざまなシーンで業務を行

「ななつ星 in 九州」では、最高の制服に身を包んだスタッフがお客様をおもてなしする

うため、いくつかのバリエーションを採用しました。さらに車内だけでなく、専用バスのクルーやメンテナンススタッフなど周辺のスタッフにも統一したイメージの制服をデザインしていったのです。

また、オリジナルデザインのバッグは吉田カバンに依頼し、裏地には鹿児島県奄美(あまみ)大島(おおしま)の特産である大島紬(つむぎ)を採用するなど細部に至るまで妥協しませんでした。

さらには、モノトーン制服のアクセントカラーとなるスカーフにもオリジナルデザインを起こし、JR九州と協力関係にあるタイ・シルクの著名ブランドであるジム・トンプソンに製作を依頼しました。

おわりに

私はこれまで、四半世紀にわたって鉄道や公共のデザインに携わってきました。

本書では私が考える仕事の流儀というものを、これからの日本を背負って立つ若者やデザイナーを志す方々に対し、少しでもお役に立てればという気持ちで書き進めてきたつもりです。ただ少々、生意気なことを書いてしまい気恥ずかしくもあったわけですが、六九歳という私の年齢からすれば、お許しをいただけるのではないかと思っております。

私は勉強が苦手だったのでデザインの世界に飛び込んだわけですが、感性を支えているのは一般常識という名の学問であるということを最後にお伝えいたします。

仕事というものが大きくなればなるほど、仕事の質が上がれば上がるほど一般常識の必要性を今になって改めて感じております。デザインの世界にかぎらず、本当に自分が理想に向かって何かを成し遂げたいと思うのであれば、若いときにこそ全力で学問を身につけておくことが重要です。

そして、デザインとは常にチームプレーで成し得る仕事です。そのような意味でいえば、私は多くの方々に感謝の意を表さずにはいられません。

私がこれまでデザインしてきた多くの車両を利用してくれている皆さま、九州旅客鉄道株式会社をはじめとする鉄道会社各社の方々、メーカーの方々、鉄道業界を盛り上げてくれているマスコミの方々、そして私がデザインする、とても手間暇のかかる難しい仕事を理解し、色やカタチや素材、さらには使い勝手において最高のパフォーマンスを発揮してくれる日本中の匠（たくみ）と職人の方々のご協力に厚く御礼申し上げます。

また、いつも私のことを支えてくれているドーンデザイン研究所のスタッフの尽力にもこの場を借りて感謝します。

最後になりますが、本書の刊行にあたり、企画段階から丁寧なアドバイスをくださった出版プロデューサーの神原博之氏、日本能率協会マネジメントセンターの根本浩美氏、そして関係各位の皆さま、本当にありがとうございました。

水戸岡鋭治

水戸岡さんとの出会い

JR九州会長　唐池恒二

一九八九年に登場した「ゆふいんの森（一世）」は、「地域と一緒になって元気を作り出す」というJR九州の目標が具体化した最初であり、のちに私がJR九州の社長就任後、次々と生み出していった「D&S（デザイン&ストーリー）列車」の魁(さきがけ)たる存在です。この列車の立ち上げに携わる過程で、地元の事情は、地元の人たちによく聞いてみないとわからないということを学びました。地域が持っている文化や歴史、素材からなるストーリーを踏まえ、そのストーリーが魅力的に輝くための列車のデザインを目指す。そうした想(おも)いを込めて、単なる観光列車ではなく、D&S列車という言葉を造ったのです。

現在、D&S列車は十本が運行していますが、外観も内装もすべてデザインは異なります。地域の魅力を最大限表現するデザインは、水戸岡鋭治さんの存在なくしては実現できませんでした。石井幸孝(よしたか)JR九州初代社長が「面白いデザイナーがいるぞ」

と知人に水戸岡さんを紹介されなければ、現在のＪＲ九州はなかったと言っても過言ではないでしょう。

　水戸岡さんの初仕事は、博多駅から「ホテル海の中道（現ザ・ルイガンズ）」に向けての「アクアエクスプレス」という海をテーマにした列車のデザインでした。車両や運転担当、営業と三十人ほどが集まって水戸岡さんのプレゼンテーションを聞く場に同席したのが彼との初めての出会いです。私は、どこか知ったかぶりして偉そうなことを言う彼に嫌悪感を覚え、水戸岡さんも、部屋の隅で機嫌悪そうにしている私を鬱陶しく思っていた……。もちろん嫌悪は尊敬にすぐ変わるのですが、出会いは最悪でした（笑）。その場で、水戸岡さんが提案したのが真っ白い列車でした。白は汚れが目立つので清掃が大変だと反対する社員には、「では、掃除すればいいじゃないですか」と相手にしない（笑）。あくまでもコンセプトにこだわる揺るぎない信念は現在も変わりません。

　船舶事業部に異動した私は、早速高速船「ビートル」の建造にあたったのですが、そのデザインは水戸岡さんにお願いしました。「先生、奇抜なものにしましょう」と話し合って、一九九〇年に就航した初代「ビートル」は真っ黒い船体となりました。これが後に漁協の方々から批判をいただきました。遠方で点のようだった船があっという間に近づいてきて怖い、と。実際には、霧の中では白よりも黒の方が判別しやすいという利点もあったのですが、まるで軍艦のようだと指摘されたのです。水戸岡さんも私も、黒を高級な色、おもてなしの色と考えていました。

　ただ、奇抜さだけを重視して色やデザインを決めてきたわけではありません。さきほども申しましたが、地域のストーリーにしっかりと裏打ちされたものでなければならないと私は思います。「指宿（いぶすき）のたまて箱」というD&S列車は、前方から車体を見ると、左半分が白、右半分が黒というシンプルにしてユニークな配色ですが、デザインが先行したわけではありません。長年コンビを組むうちに、水戸岡さんと私には分業システムができあがりまして、私がネーミングをしない限り、水戸岡さんはデザインに着手しない。十本のD&S列車の八本は私が名付け親。ネーミングがコンセプトであり、ストーリーなのです。だから、「早く列車の名前を決めてよ」とせっつかれるわけですが（笑）。二〇一一年三月の九州新幹線の全線開業に合わせて、鹿児島中央駅と指宿駅を結ぶ特急列車を走らせることになりました。あれこれ考えて、数年前に指宿の旅館の社長さんが、指宿は浦島太郎伝説でまちおこしをしていると話していたことを思い出しました。日本中にある浦島太郎と龍宮城（りゅうぐうじょう）伝説ですが、指宿には龍宮神社があり、龍宮城というのは琉球（りゅうきゅう）を指していると考えられる。では、浦島太郎を思い浮かべることのできる列車名にすれば、さらなるまちおこしにもなり、地域の人も喜んでくれるに違いないと思ったのです。「指宿の亀いじめ」では寂しいし、「指宿の浦島太郎」では格好悪いし、などと考えているうちに、車両を箱に見立てて、「玉手箱」というのが浮かんだ。「指宿」という難読地名はあえて漢字を使って、「指宿のたまて箱」としたのです。この名前とともに、「黒髪の青年だった浦島太郎が玉手箱を開けると白髪の老人になったんですから、車両を真っ二つにして、こっちを真っ黒にしてこっちを真っ白にしませんか?」と水戸岡さんに提案しました。最初は難色を示していましたが、最終的にはコンセプトを理解してもらい、玉手箱の白煙を連想させるように乗降時にミストを噴射するなど、楽しんでデザインしてもらいました。「さすが水戸岡さん、斬新なデザインですね」と好評だったようですが、この場を借りて申し上げれば、もともとは私の案なんです(笑)。

　もちろん、ネーミングについて全て受け入れていただくわけではありません。「ななつ星in九州」の命名は非常にてこずり、実は三回ほど水戸岡さんに却下されました。デボラ・カーとケイリー・グラントの『めぐり逢い』という映画からとって「めぐり逢い」や、「メイク・ア・ラウンド九州」のイニシャルをとって「ＭＡＲＫ」など様々考えたのですが、いずれもいい顔をしない。まさに生みの苦しみを味わって辿り着いたのが、「九州は七県で、自然・食・温泉・歴史文化・パワースポット・人情・列車という七つの観光資源があり、車両は七両編成」ということで「ななつ星」だったのです。それに「in九州」と付け加えたのは、九州を世界に向けて発信しようという思いがあったからです。海外からいらっしゃるお客さまは、空港の名前から地名を覚えますが、地域の名前までは知りません。距離的にも身近なはずのアジアでさえ、九州は全く知られていなかった。固有名詞に「in九州」と付けることで、常に九州がアピールできると考えたのです。

さらに「in九州」には、いわば「走る宮殿」とでも言うべき建築物が九州に誕生したという思いも込めました。「ななつ星」の内装や調度品は、およそ列車に用いられるものとしては想像を超えたものばかりです。列車の内装としてはタブーであった木材をふんだんに使い、福岡県大川市の家具職人が手掛けた組子細工や、佐賀県の有田焼の人間国宝であった十四代酒井田柿右衛門(さかいだかきえもん)さんが制作した洗面鉢など、地元の匠(たくみ)の技を取り入れているのです。

(「文藝春秋」二〇一五年三月号「JR九州会長『型破り経営者宣言』」から抜粋)

本書は二〇一三年一一月日本能率協会
マネジメントセンターより刊行された。

電車をデザインする仕事

—ななつ星、九州新幹線はこうして生まれた！—

新潮文庫　み－59－1

平成二十八年十一月一日発行

著者　水戸岡鋭治

発行者　佐藤隆信

発行所　株式会社新潮社

郵便番号　一六二―八七一一
東京都新宿区矢来町七一
電話　編集部(〇三)三二六六―五四四〇
　　　読者係(〇三)三二六六―五一一一
http://www.shinchosha.co.jp

価格はカバーに表示してあります。

乱丁・落丁本は、ご面倒ですが小社読者係宛ご送付ください。送料小社負担にてお取替えいたします。

印刷・株式会社光邦　製本・憲専堂製本株式会社

ISBN978-4-10-120656-1 C0165